JN017442

計量分析
One Point

Quantitative Applications in the Social Sciences

傾向スコア

Propensity Score Methods and Applications

Haiyan Bai・M. H. Clark 著
大久保 将貴・黒川 博文 訳

共立出版

Propensity Score Methods and Applications

by Haiyan Bai, M. H. Clark

English language edition published by SAGE Publications of London, Thousand Oaks and New Delhi.

SAGE Publications, Inc. はロンドン，サウザンドオークス，ニューデリーの原著出版社であり，本書は SAGE Publications, Inc. との契約に基づき日本語版を出版するものである。

Japanese language edition published
by KYORITSU SHUPPAN CO., LTD.

「計量分析 One Point」シリーズの刊行にあたって

本シリーズは，“little green books” の愛称で知られる，SAGE 社の Quantitative Applications in the Social Sciences（社会科学における計量分析手法とその応用）シリーズから，厳選された書籍の訳書で構成されている。同シリーズは，すでに 40 年を超える歴史を有し，世界中の学生，教員，研究者，企業の実務家に，社会現象をデータで読み解く上での先端的な分析手法の学習の非常によいテキストとして愛されてきた。

QASS シリーズの特長は，一冊でひとつの手法のみに絞り，各々の分析手法について非常に要領よくわかりやすい解説がなされるところにある。実践的な活用事例を参照しつつ，分析手法の目的，それを適用する上でおさえねばならない理論的背景，分析手順，解釈の留意点，発展的活用等の解説がなされており，まさに実践のための手引書と呼ぶにふさわしいシリーズといえよう。

社会科学に限らず，医療看護系やマーケティングなど多くの実務の領域でも，現在のデータサイエンスの潮流のもと，社会科学系の観察データのための分析手法やビッグデータを背景にした欠測値処理や因果分析，実験計画的なモデル分析等々，実践的な分析手法への需要と関心は高まる一方である。しかし，日本においては，実践向けかつ理解の容易な先端的手法の解説書の提供は，残念ながらいまだ十分とはいえない状況にある。そうしたなかで，本シリーズの刊行はまさに重要な空隙を埋めるものとなることが期待できる。

本シリーズは，大学や大学院の講義での教科書としても，研究者・学者にとってのハンドブックとしても，実務家にとっての学び直しの教材としても，有用なものとなるだろう。何はともあれ，自身の関心のある手法を扱っているものを，まずは手に取ってもらいたい。ページをめくるごとに，新たな知識を得たり，抱いていた疑問が氷解したり，実践的な手順を覚えたりと，レベルアップを実感することになるのではないだろうか。

本シリーズの企画を進めるに際し，扱う分析手法は，先端的でまさに現在需要のあるもの，伝統的だが重要性が色褪せないもの，応用範囲が広いもの，和書に類書が少ないもの，など，いくつかの規準をもとに検討して，厳選した。また翻訳にあたられる方としては，当該の手法に精通されている先生方へとお願いをした。その結果，難解と見られがちな分析手法の最良の入門書として，本シリーズを準備することができた。訳者の先生方へと感謝申し上げたい。そして，読者の皆様が，新たな分析手法を理解し，研究や実践で使っていただくことを願っている。

三輪　哲

渡辺美智子

原著シリーズ編者による内容紹介

本シリーズ[a]全体を見ると，明らかに欠落しているトピックがある。それは「傾向スコア法」である。このギャップを埋めるべく企画されたのが，Haiyan Bai と M. H. Clark による本書である。

基礎社会科学者や応用社会科学者が関心を持つ，多くの介入を含むほとんどの応用研究において，ランダム割当は理想ではあるが現実的ではない。倫理的または実践的な理由から，個体を処置群と統制群に割当てることは不可能であることが多い。処置群と統制群では，関心のある因果効果を推定するための重要な属性についてそれぞれ異なる場合がある。傾向スコア法は，個体が処置群に割当てられる可能性または自己選択する確率を推定し，この情報を使って分析にデザイン上の調整を行うことにより，群間で異なる属性の分布のバランスをとる（近似する）のに役立つ。本書は，これらの手法の背後にある理論とその方法を説明している。

本書は，幅広い知見が得られるように綿密に構成されており，また論理展開，明確な説明，そして多くの実用的なアドバイスが満載である。実際，著者らは傾向スコア法の経験豊かな指導者であると同時に，これらの手法の応用に関する論文を多く執筆している。全

---

[a]訳注：原著が収められている Quantitative Applications in the Social Sciences シリーズ (SAGE) を指している。

体を通しての焦点は，ある種の介入と結びついた効果の推定，とりわけ選択バイアスに直面した場合の因果効果の推定である。

本書では，傾向スコア法の基礎となる仮定を確認し（第1章），傾向スコアのモデリングと評価について説明する（第2章）。さらに，一般的な傾向スコア法（マッチング，層別化，逆確率重み付け，共変量調整）を紹介し，これらのうちいずれの方法を採用すべきなのかを検討する（第3章）。処置群と統制群のバランス（分布が似通う）のための個々の共変量の評価や調整後の因果効果の推定など，応用面で生じる問題について議論する（第4章）。最後にこれまでの要点をまとめ，傾向スコア法の限界についての議論，新しい手法への助言で締めくくる（第5章）。本文には，いくつかのケースに基づく簡単な例が含まれており，また，小学生のための休み時間プログラムであるPlayworks介入プログラムからのデータの一部に基づく，より拡張された応用例も示されている。読者は，`study.sagepub.com/researchmethods/qass/bai&clark` に掲載されているRなどのコードと，Playworksのデータを使って本文で示された結果を再現し，理解を深めることができる[b]。

本書は，傾向スコア法について学びたい読者に役立つ実践的な入門書であり，より専門的な文献を学ぶための基礎を築くものである。政治学，社会学，教育学など，あらゆる分野の大学院レベルの方法論や統計学の授業の補助教材として有用である。また，正式な授業を受けていない研究者のための独立した教材としても同様に有効である。どうぞお楽しみください！

Barbara Entwisle
（Quantitative Applications in the Social Sciences シリーズ編者）

---

[b] 訳注：翻訳に際して更新したRコードは `https://www.kyoritsu-pub.co.jp/book/b10024773.html` から取得できる。

謝　辞

本書の［原著シリーズ］編者，および以下のレビュアーの方々に，意見や励ましをいただいたことを感謝します。

Adam Seth Litwin 氏（コーネル大学）
Christopher M. Sedelmaier 氏（ニューヘイブン大学）
Kenneth Elpus 氏（メリーランド大学）
Cherng-Jyh Yen 氏（オールド・ドミニオン大学）
Mido Chang 氏（フロリダ国際大学）

本書を家族，特に Wei Guo と Pete Mellen の大きな支えに捧げます。

目　次

第1章

傾向スコアの基本的な考え方

行動科学や社会科学では，実用的または倫理的な障壁のために，研究者はランダム化実験でデータを収集できないことが多い (Bai, 2011)。そのため，因果関係の推論を行うために観察研究がしばしば用いられる (Pan & Bai, 2015a; Shadish et al., 2002)。残念ながら，観察研究における**選択バイアス**（selection bias：選抜バイアス，セレクションバイアス）[a]は，しばしばこれらの研究の妥当性に脅威をもたらす (Rosenbaum & Rubin, 1983)。選択バイアスは，ある研究条件——例えば，**処置群**（treatment group：介入群，治療群）の個体と，別の研究条件——例えば，**統制群**（control group：対照群，比較群）の個体とが，ある属性について系統的に異なる場合に生じる。例えば，個体が処置群に入ることを**自己選択**（self selection：自己選抜，セルフセレクション）した場合，その個体は統制群の個体よりも，より意欲的で，理解力があり，野心的であるかもしれない。個体がランダムに各群に割り振られた場合，通常，このバイアス（bias：偏り）は減少する。理論的には，

[a] 訳注：選択バイアスとは，自己選択（セルフセレクション）やサンプル選択（サンプルセレクション）などによるバイアスの総称。自己選択とは，個体自身の選択によって，選択を取らない個体との間で特性が異なることを意味する。サンプル選択は，処置割当前のサンプリングや処置割当後のサンプル選択によって，ターゲット母集団と分析サンプルに乖離が生じることを意味する。

ランダムに割当てられた個体は，群間で属性の分布が同じになる（すなわち，統制群の個体は処置群の個体と同程度に，意欲的で，良心的で，野心的である）。共変量が処置群と統制群の間で同程度の場合，それらはバランスがとれており，アウトカム変数に関する群間の差が原因変数（処置変数または予測変数または独立変数）によるものであることを合理的に推論することができる。共変量の分布が両群で異なる場合，観察研究でしばしば見られるように，群間における既存の差異が，アウトカム変数に見られるあらゆる差異の原因となり，結果として偽りの因果効果が推定される可能性がある。多くの場合，因果効果推定の妥当性を高めるために，様々な統計的調整をすることで選択バイアスを減らそうとする。しかしながら，この方法よりも効果的な対処ができる場合がある。

過去数十年にわたり，**傾向スコア** (propensity score, PS) 法はますますよく使われるようになっている。というのも，傾向スコアを適切に使用すれば本来の実験デザインを模倣した結果を得ることができ，因果関係の分析の妥当性を向上させることができるからだ (Rosenbaum & Rubin, 1985)。1983 年に Rosenbaum と Rubin によって導入されて以来，傾向スコア法は教育学（例：Clark & Cundiff, 2011; Guill et al., 2017; Hong & Raudenbush, 2005），疫学（例：Austin, 2009; Thanh & Rapoport, 2016），心理学（例：Gunter & Daly, 2012; Kirchmann et al., 2012），経済学（例：Baycan, 2016; Dehejia & Wahba, 2002），政治学（例：Seawright & Gerring, 2008），および政策評価（例：Duwe, 2015）などの多くの分野で使用されてきた。例えば，Gunter & Daly(2012) は，暴力的なビデオゲームと逸脱行動との関係を調べる際に，傾向スコアを用いた。彼らは，遊ぶゲームの種類の自己選択を調整した後，傾向スコアによるマッチングが因果効果を減少させることを発見し，ビデオゲームが暴力的行動や逸脱行動に及ぼす影響が，これまでの研究が示唆していたよりも弱いことを示した。Guill et al.(2017) は，アカデミックコースの生徒が，非アカデミックコースの生徒や総合中等学校 (comprehensive school) に通っている生徒と比べて，認知発達の面でどのように異なるかを調べる際に，選択バイアスを考慮するためにいくつかの傾向スコアモデルを比較した。Duwe(2015) は，傾向スコアマッチングを用いて，囚人再入所プログラムが再犯を減少させ，出所後の雇用を増加させたかどうかを評価した。

様々な分野の研究で，傾向スコア法が一貫して因果効果の精度を向上させることが実証されているが，これらの方法を自らの実証研究に適用する研究者には，まだ課題がある (Pan & Bai, 2016)。本書よりもより具体的な問題をより詳細に取り上げた書籍も他にあるが（例：Guo & Fraser, 2015; Leite, 2017; Pan & Bai, 2015a)，本書は傾向スコア法の一般的な使用法と実践的な応用についての入門書であり，読後には以下のような目標を達成できるはずである。

目標 1　研究の目的，デザイン，利用可能なデータを考慮して，傾向スコア法を使用することが適切な場合とそうでない場合を判断する

目標 2　推定された傾向スコアの共通サポート，つまり，傾向スコアが群間でどれだけ類似しているかを評価することができる

目標 3　観察研究における選択バイアスを十分に考慮した傾向スコアによるモデリングと推定ができる

目標 4　最も一般的な傾向スコア法（マッチング，層別化，逆確率重み付け，共変量調整，二重に頑健な調整など）を理解し，研究デザイン，データ，傾向スコアに基づいて最適な方法を選択できる

目標 5　これらの傾向スコア法をどのように使用するかについて学ぶ

目標6　共変量について群間のバランスをとる（分布の類似性を確認する）方法について学ぶ

目標7　調整された処置変数の因果効果を推定する方法について学ぶ

目標8　傾向スコア法を使用する際の限界を理解する

目標9　本書のウェブサイトを通じて，傾向スコア法を実装するために使用される様々なソフトウェアパッケージを知る

本書は，読者が傾向スコア法による分析を行うために必要なすべての手順を踏むことができるように，以下の順序で構成されている。各章は，上記のような目標のうちの1つまたは2つを達成することに専念している。

第1章では，実験研究や観察研究から因果推論を行うための基本的な概念を紹介し，傾向スコアとは何か，いつ使うのか，なぜ使うのか（目標1），使うときに満たす必要がある仮定（目標2）について論じる。第2章では，傾向スコアを推定する際の適切な共変量の選び方と，傾向スコアのモデリングに焦点を当てている（目標3）。第3章では，一般的に用いられている4つの傾向スコア法（マッチング，層別化，重み付け，共変量調整）について述べる（目標4, 5）。第4章では，共変量分布のバランスの評価方法，調整後の因果効果の推定方法，因果効果の推定が隠れたバイアスに対してどの程度頑健であるかについて述べる（目標6, 7）。第5章では，傾向スコア法の要点をまとめ，傾向スコア法でよくある問題に対処するための一般的なガイドラインを示し，傾向スコア法の新たな展開を紹介する（目標8）。最後に，本書のウェブサイト `study.sagepub.com/researchmethods/qass/bai&clark` は，傾向スコア法を実装するためのプログラムコードなどを提供している（目標9）。

傾向スコア法を実装するための手順をよりよく理解できるよう

に，第 2 章，第 3 章，第 4 章の最後には，これらの手順を現実のデータに適用する方法の具体例を示している。これらの例は，各章で説明された傾向スコア法の各手順に対応して示される。これらのデータは，Inter-University Consortium for Political and Social Research（ICPSR データ番号 35683）から公開されているデータセットの一部である。このデータはもともと，安心で楽しい遊びを教えることで社会性と情緒的スキルを向上させることを目的とした小学生向けプログラムである Playworks の介入を評価するために使用されていた (`www.playworks.org`)。本書のウェブサイトで提供するデータセットおよびサンプルコードを使って本書の分析結果を再現し，オンラインで提供しているものと同様の結果を確認することを勧めたい。

1.1　因果推論

1.1.1　実験デザインと観察研究

因果推論における実験デザインでは，ランダム抽出とランダム割当によって，群を構成する個体の（処置状態を除く）属性が等しく分布するような処置群と統制群が得られる。そうすることで，潜在的な選択バイアスを除去し，関心のある要因が効果の唯一の原因と見なせることを前提としている。対照的に，ランダム割当を行わずに収集したデータの結果に基づいて結論を導き出す観察研究を行う研究者は，因果関係の推論を行う際に自信を持てないことが多い。なぜこのようなことが起こるのかを理解するために，本節では因果推論の基本的な概念を簡単に説明し，良い研究デザインの重要性を説明する。

小学生の休み時間プログラム (recess program) が社会的スキルに影響を与えるかどうかを研究することに関心があるとする。因果関係をモデリングするための**反事実的条件**（counterfactual：反実仮想）の枠組みによれば，各児童に対する真の**処置効果**は，処置を受けた場合の結果と反事実的条件（すなわち，処置を受けなかった場合の結果）との差である (Holland, 1986; Rubin, 1974)。この文脈では，休み時間プログラムに参加した各子ども（「処置」個体）の社会的スキルを，休み時間プログラムに参加しなかった場合の同じ子ども（反事実的条件）の社会的スキルと比較する必要がある。

残念ながら，これらの両方の条件で同時に同じ子どもの社会的スキルを観察することはできない。そこで，代替案として，母集団の**平均処置効果** (average treatment effects, **ATE**)[b]を推定することを考える (Holland, 1986; Rubin, 1974; Winship & Morgan, 1999)。子どもの社会的スキルに関する ATE を評価するために，休み時間プログラムに参加していたすべての子ども（処置群）の社会的スキルの期待値と，休み時間プログラムに参加していなかったすべての子ども（統制群）の社会的スキルの期待値との間の差を計算する。母集団から生徒をランダムに選び，それらを休み時間プログラムにランダムに割当てた場合，処置群の子どもたちは，統制群の子どもたちと，平均的な観察された属性と観察されていない属性について，系統的に異なることはないので，ATE は処置効果のバイアスのない推定値となる。

しかし多くの研究では，個体をランダムに各群に割当てる**ランダム化比較試験** (randomized control trials, **RCT**)[c]は必ずしも実現

---

[b] 訳注：平均処置効果 (ATE) とは，反事実的条件の枠組みでは，「全ての個体が処置を受けた場合のアウトカムの平均値」と「全ての個体が処置を受けていない場合のアウトカムの平均値」の差で定義される。

[c] 訳注：ランダム化比較試験とは，処置を受ける処置群と処置を受けない対照群に個体をランダムに割当て，両群のアウトカムを比較することで処置の因果効果を推定するための方法。ATE を推定する上では最も一般的な方法。

可能ではない。個体をランダムに割当てることができない場合があり，ランダムに割当てることが倫理的でない場合もある。例えば，子どもに対して親が抱く期待を操作したり，セラピーを受けるように強制したり，大学に通うように強制したりすることが実行可能だとは考えにくい。ランダム割当が可能な場合でも，喫煙，アルコール摂取，がん，性感染症，児童虐待，ホームレスなどの危険な状態に個体をランダムに割当てることは倫理的に許されないだろう。しかし，ランダム割当ができないからといって，心理療法がうつ病にどのように影響するか (Bernstein et al., 2016)，アルコール摂取が冠状動脈性心疾患にどのように影響するか (Fillmore et al., 2006) を研究することが妨げられるべきではない。母親の喫煙が出生体重および早産にどのように影響するか (Ko et al., 2014)，または児童虐待の種類（身体的，性的，精神的）が被害者のうつ病および攻撃性にどのように影響するか (Vachon et al., 2015) も同様で，ランダム割当は困難ではあるが依然として重要な研究テーマである。

例えば，子どもの学業上の成功に対する親の期待が数学の成績にどのように影響するかを研究する場合，期待度が高い親と低い親に生徒を割当てることは困難であり，親の期待度を操作することもできない。そのため，2 つの群の生徒の背景属性が異なる可能性が高く，その異なる属性が数学の成績に影響を与える可能性がある。親の期待の他にも生徒の属性が異なる場合には，それらの影響要因を調整しない限り，観察データを用いて親の期待が生徒の数学の成績に与える因果効果を直接評価することはできない。2 つの群に影響を与える要因（しばしば**交絡変数**または**共変量**と呼ばれる）の異なる分布が選択バイアスを生み，偏った ATE を導き出す。当然のことながら，次なる問題はどのようにして観察研究から有効な因果効果の推定ができるのかという点である。次項では，どのようにしてこの問題を解決できるのかを扱う。

1.1.2 観察研究における内的妥当性

統計的因果推論とは，変数間の因果関係を統計モデルから推論することである。したがって，統計的因果推論における妥当性とは，**内的妥当性**とも呼ばれ，研究者がデータを統計的に分析して，因果関係が存在することを疑う余地の少ない合理的な推論を行うことを指す。選択バイアスは，観察研究における統計的因果推論の妥当性を大きく脅かすものである。先述のように，選択バイアスとは，共変量の分布における系統的な差異のことで，群間で処置状態以外の属性が異なる（例えば，処置群の人々は統制群の人々よりも年齢が高い，意欲的である，または教育を受けている）ことを意味する。典型的な選択バイアスは，観察（測定）された共変量または隠れた（測定されていない）共変量が統計モデルで調整されていなかったり，研究デザインで制御されていない場合に発生する。その結果，因果関係が誤って推定されることになる (Rosenbaum, 2010)。

例えば，生徒の学業成績に対する親の期待を例にとると，生徒の性別は，生徒の数学の成績と親の期待の両方に関連していることが示されている (Fennema & Sherman, 1997)。生徒を期待度の高い親と低い親にランダムに割当てることはできないため，生徒の性別が数学の成績に影響を与える交絡変数となっている可能性がある。この場合，交絡変数の影響を考慮しなければ，親の期待が生徒の数学の成績に与える影響について，有効な因果関係を主張することはできない。

さらに，数学における生徒の成績は，生徒の個人的な信念 (Gutman, 2006; Schommer-Aitkins et al., 2005)，友人の影響 (Hanushek et al., 2003)，読解力 (Hill et al., 2005)，環境変数 (Koth et al., 2008)，社会人口学的変数（例えば，人種，社会経済的地位），および学校構成 (Entwisle & Alexander, 1992) にも関連する。これらの要因は，生徒の成績に対する親の期待の効果に交絡を生じさせる。このように多くの交絡変数が考えられるため，すべての共変量が親の期待度の高いグループと低いグループの間でバランスがとれている（平均値が似通っている）可能性は非常に低い。共変量の分布のバランスがとれていないときに，この偏りを考慮せずに推定した場合，統計的因果推論の妥当性が弱まることになる。

上記の例から，交絡変数を調整したり，制御したりせずに，因果関係を明らかにすることはできない。交絡変数には，それぞれ（測定されていない）未知のもの，測定できないもの，または（測定されていて研究者が利用可能な）観察可能なもの，の 3 種類がある。これらの交絡変数が観察可能であれば，これらの共変量を調整または制御することで，選択バイアスを減らし，統計的因果推論の妥当性を向上させることが可能である。

1.1.3　選択バイアスを減らすための既存の方法

多くの場合，特定の処置変数の制約（例えば，研究者は生物学的性別をランダムに割当てることができない）や，個体の意志（例えば，個体が薬物リハビリテーションプログラムに入ることをランダムに割当てられたとしても，実際に参加するか否かは本人の意思でありランダム割当はできない）のために，個体をランダムに選択して特定の群にランダムに割当てることができない。したがって，ランダム化比較試験が可能でない場合には，因果推論の妥当性を高めるために，両群のバランスをとる何らかの方法を見つけなければならない。共変量および交絡因子の影響を制御するために一般的に使用されているいくつかのアプローチは以下の通りである (Shadish et al., 2002)。

(a) 関心のある因果関係以外の要因の経路を除外するようなデザインを採用する

(b) 特定の共変量について群間のバランスをとるデザインを採用する
(c) 処置効果を調整する統計モデルを通じて既知のバイアスの発生源（観察された共変量）を考慮する
(d) これらのアプローチのうち2つ以上を組み合わせて使用する

アプローチ(a)は，実験デザインを追加することで達成できる。具体的には，新たな実験条件を追加することで，実験デザインが変化することによる結果の不確実性を評価し，結果の妥当性を評価できる。これらの要素には一般的に，**比較統制群**（統制，プラセボ，部分的処置など）や**経時的な観察**（事前テスト，フォローアップ測定など）が含まれる。例えば，医療実験にプラセボとして砂糖の錠剤を追加することは，観察された効果が，薬の有効成分によるものか，治療に効果があるはずという患者の信念によるものかを判断するのに役立つだろう。（個体がランダムに各群に割当てられている場合でも）事前テストの追加は，教育学の研究では一般的に行われている。これにより，学生の成績に影響を与える可能性のある既存の特性を制御しながら，2つ以上の指導方法やプログラム間で指導後の学習成果の差を調べることができるからである。

準実験デザイン (quasi-experimental design)[d]に関連する要素を追加することは，内的妥当性への脅威を軽減する上で効果的である

---

[d]訳注：準実験デザインとは，ランダム化比較試験ではないが，それに準じるデザインを用いて，因果推論を試みるデザインや方法の総称。実験者がランダムに処置群と対照群に割当てたわけではないが，処置を受けている個体と処置を受けていない個体があたかもランダムに割当てられている状態を想定することが多いため，自然実験 (natural experiment) と呼ばれることもある。例えば，法制度の変更や自然災害などの外生的な変動を利用されることがあり，差の差の推定，回帰不連続デザイン，操作変数法などが用いられることがある。

と知られているが (Larzelere & Cox, 2013; Murname & Willett, 2011; Shadish et al., 2002)，このアプローチでは，綿密な事前計画，複雑な統計解析，多くの個体を必要とすることが多い。さらに，割当条件を研究者が制御できない場合は，こうしたデザインをランダムな研究として見なすことができないかもしれない。

操作変数 (instrumental variables, **IV**)[e] モデルは，処置変数（または因果変数）と相関しているが，アウトカム変数の変化には直接影響を与えない等のいくつかの仮定に基づく変数を使用する［訳注：この他にも仮定あり］。IV は，アウトカム変数と相関する一方で，アウトカム変数の変化を説明してはならない。例えば，生徒の数学の成績に対する親の期待の因果効果を推定しようとする場合，親の期待と生徒の数学の成績の間の相関は，親の期待が生徒の数学の成績の変化を因果的に引き起こすことを意味しない。他の変数が親の期待と生徒の成績の両方に影響を与えるかもしれないし，生徒の成績が親の期待に影響を与えるかもしれない。子どもに対する親の期待を操作することはできないので，親の収入を操作変数として用いることで，親の期待が生徒の成績に与える因果関係の推定をすることがある。IV では，親の収入が親の期待に影響を与えていると仮定しているが，さらに親の収入は親の期待を通じてのみ生徒の学力に影響を与えることを仮定する。もし，親の収入と生徒の学力が関連していることがわかれば，上記の仮定を満たす限りにおいて，親の期待が生徒の学力に因果的な影響を与えているという証拠になるかもしれない。残念ながら，Bowden & Turkington(1990) の

[e] 訳注：操作変数とは，処置の有無と関連し，その処置を通じてのみアウトカムに影響を与え，（条件付き）ランダムに割当てられていると想定できる変数を意味する。このような条件を満たす操作変数を利用できる場合には，未観測の交絡要因があったとしても処置効果を推定できることが知られている。

IV モデルは実験研究に匹敵する結果を生み出すという主張の一方で，一致性のある処置効果を識別するための適切な IV を見つけることは，実際には困難であるという主張もある (Land & Felson, 1978)。

アプローチ (b) は，処置群と統制群の間の類似性を担保するために，介入の前または後のいずれかで，交絡変数について対象者を厳密に**マッチング**させるというものである (Rubin, 2006)。これは通常，準実験デザインで用いられる方法だ。このマッチング手順では，連続変数（例えば，年齢や両親の収入）またはカテゴリカル変数（例えば，性別や人種）のどちらでも使用することができるが，複数の変数でマッチングするよりも，数個のカテゴリカル変数でマッチングする方が簡単である。準実験デザインでこの方法が一般的に使用されているにもかかわらず，従来のマッチングには２つの課題がある。

(i) 連続変数の正確なマッチング相手を見つけることが困難
(ii) カテゴリカル変数であっても，複数の共変量で各群の個体をマッチさせることが困難

両親の期待に関する研究を例にとると，両親の収入でマッチさせたい場合，これは，処置群と統制群の子どもについて，同じ両親の収入（例：65,000 ドル）を見つけなければならない。所得のばらつきを考えると，各群で同じ所得をもつ親を多く見つけることは難しい。性別などのカテゴリカル変数でのマッチングは困難ではないが，統制群で処置群の各子どもと同じ性別，人種，母国語，家族構成をもつ子どもを見つけることは，潜在的なマッチングの数を制限することになる。処置群と統制群の間でマッチする数を制限することで，分析に用いる個体数（有効サンプルサイズ）が小さくなり，**統計的検定力** (statistical power) や研究結果の一般化可能性も低下する。

課題 (i) は，正確な値ではなく，類似した値に基づいて個体をマ

ッチングする近似マッチングを使用することで解決できる（例えば，両親の収入が 65,000 ドルの学生は，両親の収入が 64,800 ドルの学生とマッチングする）。課題 (ii) は，マッチング変数の数を 1 つまたは 2 つに減らすことで対処できるかもしれない。しかし，これは，バランスのとれた交絡変数の数を制限することにもなるので，推定された処置効果はマッチング後であってもバイアスがあるだろう。

アプローチ (c) は，共分散分析 (ANCOVA) や回帰分析（通常の最小二乗法やロジスティック回帰など）で使われる従来の共変量調整を用いて，ランダム化されていない交絡要因を調整することである。これらのアプローチは，統計モデルに共変量を含めることで，処置効果に対する共変量の効果を部分的に除去できる (Eisenberg et al., 2012; Jamelske, 2009; Ngai et al., 2009)。最も単純なケースでは，分析者は事前テストの共変量を使用することで，事前テストのスコアにおける群間差を制御できる（群間差の分布は似通ったものとなりバランスが改善する）と期待する。より一般的には，共変量として他のいくつかの交絡変数を含めることが多いが，これは，両群で事前テストのスコア以外にもアウトカムの推定に影響を与える変数が存在することがわかっているからである。

回帰分析において共変量を調整することは，交絡要因をある程度制御することができるが (Leow et al., 2015; Stürmer et al., 2006)，これらのアプローチは，理論的にも応用面でも問題がある。第 1 の問題点は，サンプルサイズが小さかったり，サンプルサイズが両群で異なっていたり，統計的な仮定を満たしていなかったり，特定のモデルに含めることができる共変量の数が限られていたり，測定されていない交絡変数のために交絡を十分に調整できない等の場合には，統計モデルは**誤特定** (misspecified) される。共変量を追加することで交絡を減らすことができる一方で，統計的検定力は低下する。

従来の共変量調整を使用する際の第2の問題点は，これらの分析がバイアスを直接モデリングしないことである。すなわち，共変量は，共変量のバランスがどれだけ良いかによって調整されるのではなく，むしろ共変量がアウトカム変数とどれだけ関連しているかによって調整されることが多い。したがって，共変量における群間の差異を考慮するのではなく，すべての個体についての共変量とアウトカム変数との間の決定係数を考慮することに焦点を当てている。例えば，職業訓練プログラムにおいて，初任給と訓練後の給与との間の相関が高かった場合（例えば，$r = 0.7$），共変量だけで訓練後の給与の分散の49% を説明できることになる。これでも分散の51% は説明できないが，職業訓練プログラムに由来する影響は，共分散分析モデルで有意な効果として検出できるほど強力ではないかもしれない。選択バイアスを考慮するために従来の共変量調整を使用することはよく知られているものの，適切な統計的手続きとは言えない可能性がある。

共分散分析の最後の問題点は，モデルに複数の共変量を同時に含めると統計的検定力が低下する可能性があることである。一方で共変量の数を制限すると，影響するすべての要因を制御することができず，因果効果の偏った推定値になってしまう。例えば，職業訓練の例では，昇給に関連する要因が多数あるため，これらの要因の一部のみを考慮すると，昇給に対する職業訓練の効果が正しく推定されない。したがって，共分散分析が選択バイアスの交絡要因を効果的に制御することができるのは，一部のケースに限られてしまう。そのため，より良い方法が必要となる。観察研究における選択バイアスを適切にモデリングして軽減する方法は様々であるが（例：Camillo & D'Attoma, 2010; Heckman, 1979），傾向スコアも選択肢の一つである (Rosenbaum & Rubin, 1983)。次節では，傾向スコアに関連する基本的な概念に焦点を当てる。

1.2　傾向スコア

1.2.1　傾向スコアとは何か

傾向スコアとは，共変量に基づいて個体が特定の群（処置状態）に割当てられる確率のことである (Rosenbaum & Rubin, 1983)。多くの場合，傾向スコアは，ある個体がある処置状態に割当てられる，または自己選択するであろう確率として推定される（計算方法の詳細については第2章を参照)。傾向スコアが0.5より大きい場合は個体が処置群に属すると予測し，0.5より小さい場合は個体が統制群に属すると予測する。傾向スコアの目標は，割当条件を完全に予測することではなく，観察されたすべての特徴，または処置の選択による交絡要因についての群間の差を説明するために使用できるすべての共変量を1つの指標に集約することである。これはまた，同じ傾向スコアをもつ個体は，観察された共変量の分布が処置群と統制群の間で同じであることを仮定する。傾向スコア法は，ランダム化比較試験で想定されるように，処置群の個体の共変量を統制群と同等にするために，様々な統計的な調整を加えるのである (Rosenbaum & Rubin, 1983)。一般的に傾向スコア法で使用される統計的な調整には，

(a) 傾向スコアの近さに基づいて処置群と統制群の個体をペアにするマッチング法（3.1節）
(b) 傾向スコアに基づいていくつかの層でマッチングされた個体をグループ化する層別化（3.2.1項）
(c) 傾向スコアに基づく値を掛ける重み付け（3.2.2項）
(d) 共分散分析または回帰分析において共変量として傾向スコアを使用する共変量調整（3.2.3項）

等が挙げられる。これらの調整方法については第3章で詳しく説

明する。理論的には，傾向スコア法は，傾向スコアを計算するために使用されるすべての観察された共変量について群間のバランスをとり，非ランダム割当によって引き起こされるバイアスを低減させる。傾向スコアが適切にモデリングされていれば，調整された処置効果にバイアスは生じない (Rosenbaum & Rubin, 1985)。

1.2.2 なぜ傾向スコアを使うのか

傾向スコア法はバイアスを制御する上で最善の選択ではないかもしれない。しかし，他の統計的な調整手続きとは対照的に，研究デザイン段階で選択バイアスに対処するので，ランダム化比較試験に代わる最良の方法となるかもしれない。1.1.3 項で議論したように，観察研究における交絡変数を制御するためには，いくつかの既存の方法を使用することができた。特定の条件下では，これらの方法はバイアスを減らすのに有効である。しかし，これらの方法にはいくつかの限界もあり，その多くは傾向スコア法で対処できる。操作変数，共変量マッチング，共変量調整と同様に，傾向スコア法は既存のデータに対しても応用できる。したがって，すでに研究デザインを変更できない場合でも，既存のデータを使って群間のバランスをとることができる。

操作変数アプローチと共変量マッチングの両方でバイアスを減らすことができるが，これらの手法では，調整に用いる変数についてのみ群間のバランスをとることができる。多くの場合，1 つの変数のみが操作変数として使用され，操作変数は識別が困難な特定の条件を満たす必要がある（例えば，操作変数は処置変数と相関しなければならないが，アウトカム変数には直接影響を与えない等)。選択バイアスがいくつかの変数によって影響を受ける可能性が高いので，これらのすべての変数が処置群と統制群の間で同程度に分布しているとは限らない。したがって，操作変数がある分析の条件を満たしていても，選択バイアスが十分に低減されないことがある。

複数の共変量でマッチングする場合，マッチングできるペアに限りがあるため，すべての共変量で同時にマッチングすることは非常に困難である。この場合には，複数の変数について限られた水準（例えば，性別を男性または女性のみに限定したり，年齢を若年者または高齢者のみに限定する）でマッチングするか，複数の要因の中でも影響力のあるいくつかの変数（例えば，個体が大学への進学を自己選択したときの高校の GPA または ACT (American Colledge Testing) のスコア）のみを選択しなければならない。解決策の1つは，複数の変数を1つのスコアに集約した複合スコアを使用することである。

複合スコアとしての傾向スコアは，複数の共変量に基づいて単一のスコアを使用するのと同様に，簡潔さと統計的検定力を兼ね備えている (Rosenbaum & Rubin, 1983)。傾向スコアは複数の共変量を1つのスコアに集約し，それぞれの共変量は処置状態への割当における相対的な重要性を考慮した方法で重み付けされる。これは，操作変数および共変量マッチングを使用する際の問題だけでなく，従来の共変量調整の問題をも解決する。

従来の共変量調整は複数の共変量に対応できるものの，複数の共変量を入れようとすると，特にサンプルサイズが小さい場合には統計的検定力が影響を受ける。重要なことは，傾向スコアは，目的変数の予測可能性をモデリングしているのではなく，選択バイアスをモデリングしている。したがって，傾向スコア法を使用することで，個々の共変量がアウトカム変数とどのように関連しているかではなく，モデルの誤特定によって生じる推定のバイアスを考慮できる。このことが，共分散分析や重回帰モデルよりも，傾向スコアを用いたマッチング，層別化，調整の方がしばしば選択バイアスを低減させる理由である (Grunwald & Mayhew, 2008; Peterson et al., 2003)。

選択バイアスを低減するために使用される他の方法よりも傾向スコア法の方が優れている点がある一方で，当然ながら傾向スコアにも限界がある。後述するように，傾向スコアを使用する際には，いくつかの条件と仮定を満たす必要がある。ほとんどの統計分析と同様に，これらの仮定が満たされていなければ，傾向スコアは効果的に選択バイアスを減らすことができない。これらの限界とそれに対処する方法については，第5章で詳しく説明する。

1.2.3　いつ傾向スコアを使うのか

傾向スコア法は，行動科学や社会科学の様々な分野で，選択バイアスを低減したり，非ランダム化比較試験での処置効果を調整するために利用されてきた (Baycan, 2016; Gunter & Daly, 2012; Kirchmann et al., 2012)。その利用は過去数十年の間に指数的に増加している (Bai, 2011)。残念ながら，こうした人気の高まりは，誤用につながる可能性も高める (Pan & Bai, 2016)。ほとんどの統計的手法と同様に，傾向スコア法もまた特定の条件下でのみ適切な手法となる。傾向スコア法は，処置の割当が無視できない（例えば，割当が，ランダムではない，明確に特定されていない，または個体によって自己選択されている等の）場合に，群間のバランスをとることを目的としている。また，準実験または観察データを用いた場合の処置効果を評価し，統計的調整に使用するために複数の共変量を1つの変数（傾向スコア）に集約することを目的としている (Guo & Fraser, 2015; Shadish, 2010)。

傾向スコア法は内的妥当性を向上させるために開発されたので，研究者が観察研究から因果関係の推論を導こうとするときに使用されるべきである。傾向スコアは，因果効果について関心のある処置状態に関連する処置前の個体の属性を考慮するために使用される。

傾向スコアは様々な非ランダム化比較試験に適用できるが，傾向スコアは処置の割当メカニズムが不明な観察研究から因果関係を推論することを目的としている。これらには，準実験，自然実験，因果比較研究 (causal comparative studies) などが含まれる。これらの研究では，割当は非ランダムだが，傾向スコア法で補正することもできる。割当が非ランダムである場合には，以下のように割当メカニズムが不明なケースがある。

1. 個体は自分で処置状態を選択しているかもしれない。例えば，講義の形式が大学生の学業成績にどのような影響を与えるかを調べる場合，学生は自分のスケジュールに合わせて，対面式のコース（統制群）ではなく，オンラインのコース（処置群）を選択することがある。
2. 一貫性のない，または不透明な条件に基づいて個体が処置状態に割当てられている。複数の人が処置群に参加する個体を決めている場合，それぞれの人が異なる基準で処置状態を決めていたり，管理者が基準を変更して一部の個体を除外することがある。例えば，知能スコアが 130 を超えているという理由だけで英才教育プログラムへの入学が認められる子どももいれば，120 のスコアでも入学が認められる（成功への高い意欲や自立心を示す）子どももいる。
3. 処置（原因）変数が研究者によって直接操作されていない。因果比較実験や自然実験の場合，処置状態に仮定されるイベントや属性は，研究者が操作した処置や介入ではなく，既存の特性や偶然のイベントである。例として，生物学的性別，出生順，婚姻関係，社会経済的地位，病状などが挙げられる。より具体的な例としては，出生前のインフルエンザへの曝露（処置）が長期的な健康，教育，経済的指標に及ぼす影響を調査した Almond(2006) の研究が挙げられる。

これらの例のすべてにおいて，傾向スコア法を使用することが適切であろう。しかし，アルコール依存症の重症度に基づいて薬物乱用プログラムに割当てられる場合のように，割当が明確な基準に基づいている場合には，**回帰不連続デザイン** (regression discontinuity design, **RDD**)[f]の方が傾向スコア法よりも効果的で使いやすいかもしれない。理論的には，RDD はランダム化比較試験と同じ原理で機能し，選択メカニズムがわかっているので，それを制御することができる。基礎属性の値に基づいて個体を各群に割当てることで，ランダム割当の代替手法としての役割を果たし，選択バイアスを考慮する必要がある。Shadish(2010, p.6) によると，「このような割当は，既知の割当変数がモデルに含まれていれば，**潜在的なアウトカム** (potential outcome) は処置の割当とは無関係であるため，**無視可能** (ignorable) と呼ばれ，その結果，バイアスのない推定値が得られる」。しかし，これは割当の基準が厳密に守られていること，そして個体が複数の変数に基づいて各群に割当てられた場合にすべての割当変数が統計モデルに含まれていることが仮定されている。

最後に，いくつかの特性に関する共変量のバランスをとるために，研究者は，処置の選択とアウトカム変数の両方に関連するいくつかの測定された共変量を傾向スコアモデルに含めることができるようにしておくべきだ。少ない人口学的共変量に限定された二次データを用いて研究を行う場合，処置の選択プロセスを十分にモデリングできる可能性は低い。そのような場合，傾向スコア法ではバイアスを十分に低減できないかもしれない (Steiner et al., 2010)。したがって，共変量を有効に用いるためにも，研究者はデータが収集

[f] 訳注：回帰不連続デザインとは，制度やルールが引き起こす処置割当の分断点に着目し，分断点の局所的近傍でランダム化比較試験が成立することを想定した分析デザイン。

される前に，どのような変数が割当条件に影響を与えるのかを検討することが不可欠である。

1.3 仮 定

1.3.1 無視できる処置割当の仮定

傾向スコア法を使用する際の仮定の１つは，処置状態（処置群または統制群）への割当は，観察された共変量を調整すれば，処置効果とは独立に決まるという仮定である。ランダム化比較試験では，この仮定は共変量を考慮しなくても満たされることが多い。なぜなら，（理論上は）ランダム割当は処置状態間ですべての共変量のバランスをとるからである。もちろん，この仮定は準実験などの場合には満たされないこともあり，特に個体が処置状態を自己選択する場合には保証されない。この仮定の下では，傾向スコアの分布が処置状態間でバランスがとれていれば，傾向スコアを得るために用いられる共変量の分布も処置状態間で等しくなる。したがって，我々は，すべての交絡変数が測定されていることを条件に，傾向スコアで調整を行った後，選択バイアスが除去された（または十分に減少した）と想定する。これが，そもそも傾向スコア法を使う理由である。

傾向スコア調整を使用した後に選択バイアスが減少したことを検証する１つの方法は，処置状態と観察された各共変量との関係を調べることであり，群平均（共変量がカテゴリカルな場合は比率）に差があることは，共変量のバランスがとれておらず，無視可能性の仮定を満たしていないことを示唆する。第４章では，共変量のバランスを検定するための様々な方法を詳しく説明する。

もちろん，共変量のバランスを検定できるのは，測定された，傾向スコア推定モデルに含めた変数だけである。傾向スコアを推定するために使用される観察された共変量の集合において，すべてのバイアスの原因を制御しようと試みるべきであるが，測定または観察されていない共変量が含まれていない可能性があり，そのため，傾向スコア調整後も選択バイアスが残る可能性がある。この場合，これらの欠落変数は，処置効果に影響を与える隠れたバイアスの原因となる。

例えば，児童虐待のリスクのような共変量が処置割当とアウトカムに関連しているにもかかわらず，傾向スコアの推定モデルに含まれていない場合，処置効果にはバイアスが残る。共変量の集合から計算された傾向スコアが，影響のあるすべての共変量を表していない場合，群間のすべての共変量の分布のバランスをとることができないということだ。この場合，傾向スコア法を用いても，**無視できる処置割当** (ignorable treatment assignment) の仮定は満たされない。利用可能な共変量が人口学的共変量のいくつかに限定されている場合，選択バイアスの半分以下しか除去されないという報告もある (Steiner et al., 2010)。したがって，選択バイアスに寄与するすべての共変量が傾向スコアモデルに必ず含まれている必要がある。第 2 章では，この仮定が満たされるような共変量を選択する方法について，より多くの指針を示す。

1.3.2 SUTVA

傾向スコア法の第 2 の仮定は，各個体に対する処置効果は，他の個体がどのような経緯でそれぞれの処置状態になったかに依存しないという仮定である。これは，

- 潜在的アウトカムが割当手続き（すなわち，ランダム割当または自己選択）に依存しないこと
- どのような処置を受けるかは処置群のすべての個体にとって同じであること

を必要とする (Holmes, 2014; Rosenbaum & Rubin, 1983)。Cox(1958, p.19) によれば,「ある個体 (unit) の観察は,他の個体への処置の割当によって影響を受けないはずである」。傾向スコアマッチングのような傾向スコア法を採用する場合,この **SUTVA** (stable unit treatment value assumption:処置を受ける個体ごとに処置の値が安定的という仮定)[g] と呼ばれる仮定は,

- マッチングしたペア内で,処置群の個体 A と統制群の個体 B が処置群または統制群に割当てられる確率が同等であること
- 個体 A は,傾向スコアマッチングによって選択された,同じ処置群の他の個体と同じ種類と量の処置を受けること

を仮定している。

潜在的アウトカムが個体の受ける処置状態に依存している場合や,個体が処置を共有できるような交互作用がある場合,SUTVA は満たされない。

具体的には,以下のような場合である (Shadish et al., 2002)。

- **信頼性のない処置の実施** (unreliability of treatment implementation):各個体に対して一貫した処置が行われていない。
- **代替的均一化** (compensatory equalization):統制群の個体が代替的な処置を受けてしまう。
- **代替的競争** (compensatory rivalry):統制群の個体が処置群の個体と同じようにアウトカムについて良い成果を上げられるように動機付けられる。

---

[g] 訳注:SUTVA とは,主に Donald Rubin によって整理された以下の 2 つの仮定を意味する。第 1 に,潜在的結果が他の個体の処置状態に依存しない,すなわち個体間の相互作用がないという仮定である。第 2 に,処置の仕方が単一 (no multiple version of treatment) という仮定である。

- **憤慨によるやる気の低下** (resentful demoralization)：統制群の個体が処置を受けなかったためにアウトカムに対するやる気が低下する。
- **処置の伝播** (treatment diffusion)：統制群の個体が処置群の処置を学ぶ。

このような状況下では，個体は割当てられた処置を受けていない（処置の欠如，つまり統制群）と見なされる。個体が想定とは異なる処置を受けた場合，処置効果について合理的な推論ができないことは明らかである。

1.3.3　共通サポートと分布の重なり

第 3 の仮定は，処置群と統制群の推定された傾向スコアの分布に十分な重なりがあるという仮定である。この仮定は，比較対象となる 2 つの群の傾向スコアの分布に**共通サポート**（common support：共有サポート，コモンサポート）があるとも表現される。共通サポートの仮定は，同じ傾向スコアをもつ個体が，背景属性や共変量の類似性に基づいて，処置群と統制群のいずれかに属する確率が同じであると仮定する。この仮定に基づいて，処置の選択を考慮し，2 つの群間でバイアスのない比較が可能となる。例えば，2 人の従業員の傾向スコアが 0.7 の場合，それぞれの経歴の特徴から，70% の確率で職業訓練に参加しそうな人たちだということになる。そうすると，一方が訓練プログラムを修了した後，他方が修了しなかった後として給与を比較することができる。処置群の個体のほとんどが，統制群の個体と似たような傾向スコアをもっている場合，2 つの群は比較可能であると考える。処置群と統制群の傾向スコアが類似している割合を共通サポートと呼ぶ。もし統制群が十分な共通サポートをもっていなければ，処置群とは比較可能でないので，傾向スコア法は使用すべきでない。

傾向スコアは，ある（処置）状態に選択される確率を予測したものであるが，傾向スコア法のそもそもの目的は処置確率を予測することではなく，処置群と統制群のバランスをとることである。傾向スコア法の理想的な状況は，実際には処置群に割当てられている人が，（傾向スコア上は）統制群にいた確率が高い場合である（その逆も同様）。理想的には，処置群と統制群の両方の傾向スコアが平均が 0.5，標準偏差が等しい正規分布に従っていることが望ましい。このような条件では，一方の群の個体が他方の群の個体と非常に似ているので，ランダム割当を再現している可能性が高い。しかし，処置の選択に強く関連するいくつかの共変量を使用している場合は，常にこのような分布が見られるとは限らない。時には，処置群の個体の方が統制群の個体よりも高い傾向スコアをもっていることがある。したがって，状況によっては，処置群よりも統制群の個体の傾向スコアのばらつきを大きくすることで，共通サポートを改善する必要がある。具体的には，統制群の個体のうち，処置群の個体とマッチングできる個体の数を比例的に増やすことで達成できる可能性がある。

共通サポートを確かめる方法としては，以下のような方法がある。

(a) 傾向スコアの分布を可視化する
(b) 各群における傾向スコアの最小値と最大値を比較する
(c) 特定の個体を除外するトリミングを行う
(d) 各群の分布が有意に異なるかどうかを検定する
(e) 傾向スコアの平均差を推定する

方法 (a) では，研究者は単に処置群と統制群の傾向スコア分布を可視化し，それらがどの程度重なっているかを目視で調べる (Bai, 2013; Shadish et al., 2008)。このような図による確認は，

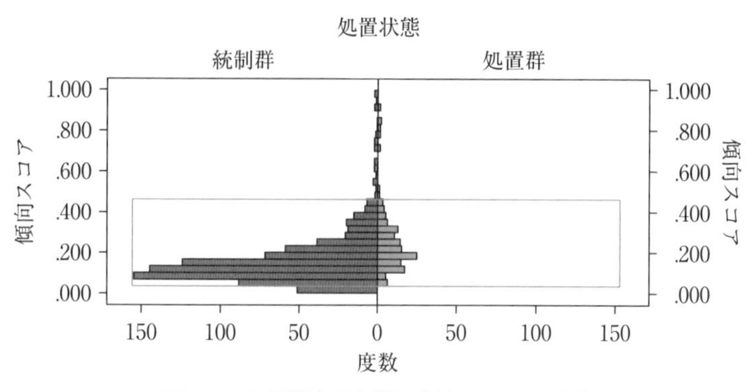

図 1.1 処置群と統制群の傾向スコアの分布

各群の傾向スコアの分布のヒストグラムまたは箱ひげ図を比較することによって行うことが多い。図 1.1 に示されているように，処置群の傾向スコアのほぼすべてが 0.03 から 0.5 の間であるのに対し，統制群の傾向スコアは 0 から 0.8 の間である。したがって，共通サポート（分布上に四角い枠で示されている範囲）は 0.03 から 0.5 の間であり，傾向スコアが 0.5 以上の個体と 0.03 未満の個体は，比較可能なペアがいないということになる。

方法 (b) では，「傾向スコアが統制群の最小値より小さい，または最大値より大きいすべての観測値を除外する」(Caliendo & Kopeinig, 2008, p.45)。例えば，処置群の傾向スコアが 0.03 から 0.9 の範囲で，統制群の傾向スコアが 0 から 0.8 の範囲である場合，重なる分布（共通サポート）は 0.03 から 0.8 の間となる。

方法 (c) は，Smith & Todd(2005) によって使用されたもので，彼らは両群の分布内で正の密度をもつ傾向スコアの範囲を同定した。この方法は，傾向スコアが重複しない個体を除外するだけでなく，各群の傾向スコアの度数が低い個体も取り除く。例えば，重複するすべての傾向スコアが 0.03 から 0.8 の間であるが，傾向スコアが 0.5 から 0.8 の間の個体が，片方または両方の群に非常に少ないとする。このアプローチでは，傾向スコアが 0.8 より大きいか 0.03 未満の個体をすべて除外するだけでなく，傾向スコアが 0.5 より大きい統制群の個体も除外することになる。同様に，処置群で傾向スコアが 0.03 から 0.1 の間の個体が非常に少なかった場合，これらも除外される (Caliendo & Kopeinig, 2008)。

方法 (d) は，独立サンプルのコルモゴロフ・スミルノフ検定などの推測統計手法を使用して，処置群と統制群の傾向スコアの分布の間に有意差があるかどうかを検定する (Diamond & Sekhon, 2013)。2 つの分布の間に有意差があれば，共通サポートがないであろうことを示唆する。しかし，この方法は，共変量のバランスを推測統計で評価すべきではないという理由で推奨されていない。というのも，「バランスは観察されたサンプルの特徴であって，想定される母集団の特徴ではない」からである (Ho et al., 2007, p. 221)。

方法 (e) では，研究者は，処置群と統制群の傾向スコアの平均（M_T と M_C）を比較するために，標準化平均差 ($d = (M_T - M_C)/s_p$) を計算する（s_p は標準偏差)。この平均差が小さいとき（例えば $d < 0.5$）は，共通サポートがまずまずであることを示す。

残念ながら，これらの方法のすべてが明確な基準を提供しているわけではないので，何が十分な共通サポートなのかはまだ明らかではない。グラフを用いた可視化や，最小値と最大値の比較は，共通サポートの基準を提示するものの，どの程度であれば十分なのかはわからない。すでにいくつかのガイドラインが提示されているが，その基準は普遍的に認識されているわけではない。例えば，Bai(2015) は，各分布において傾向スコアの分布の少なくとも 75% が重なる場合，傾向スコアマッチングでは選択バイアスが最も低減される可能性が高いことを報告した。標準化平均差を比較する場合には，Rubin(2001) は，分布間の標準化平均差が 0.5 以下であることを推奨している。

しかし，共通サポートを決める具体的な方法や（より重要である）共通サポートをどのように扱うかの判断は，データの分布や処置効果を調整するための特定のマッチング手法に依存するため，上記のような一般的なガイドラインでは十分でないかもしれない。例えば，分布が歪んでいたり，多くの外れ値をもつ場合，検定またはトリミングは，最小値と最大値の比較または標準化平均差よりも，共通サポートをより良く評価するかもしれない。また，特定のマッチング手法は，共通サポートの程度をどのように扱うべきかも考慮されている。キャリパーマッチング（3.1.2 項参照）は，最良の共通サポート（または最近傍傾向スコアマッチ）をもつ個体を使用するが，層別化は，許容できるマッチングをより柔軟にすることで共通サポートの基準をより緩くする。

共通サポートがどのように扱われるか（より重要な点として共通サポートの欠如）が，傾向スコア法を使用する際の処置効果推定の妥当性に影響を与えることを理解するのが重要である。共通サポートがどのように評価されるかにかかわらず，共通サポートの領域によって，どの個体が分析に残るかが決定されるのである。例えば，共通サポートの範囲外の傾向スコアをもつ個体は，選択した特定の傾向スコア法に応じて，最終的なアウトカムの分析に含まれる場合と含まれない場合がある。

キャリパーを用いた傾向スコアマッチングの場合，共通サポート外の傾向スコアをもつ個体は，処置効果を推定するために選ばれたサンプルから除外される。このようなサンプルの制限は，個体間の比較可能性を向上させ，内的妥当性を改善すると思われる一方で，外的妥当性や統計分析の結論の妥当性に潜在的な問題をもたらすことをも意味する。第1に，研究結果を母集団に一般化することが制限される可能性がある。すなわち，除外した個体（すなわち，処置群に割当てられる可能性が非常に高い個体）が，分析に残った個体（すなわち，統制群と同様に処置群に割当てられる可能性が高い個体）と系統的に異なる場合，選ばれたサンプルは，もはや元の母集団を代表するものではない。第2に，個体を除外するとサンプルサイズが小さくなり，統計的検定力に影響を与える可能性がある。大きなサンプルサイズのデータセットから少数の個体を除外することは問題ではないが，小さなサンプルから半分の個体を除外すると，処置効果の検定力が弱くなるかもしれない。タイプIIエラー（第II種の過誤）は，選択バイアスと同様に誤解を招く。したがって，繰り返しになるが共通サポートが十分でない場合は傾向スコア法を使用すべきではない。

1.4　まとめ

傾向スコア法は，適切に使用する限りにおいて，観察データにおける選択バイアスを低減し，統計的因果推論の妥当性を高めるのに有効である。具体的には，(a) 1つの複合スコアを用いて複数の共変量を調整し，(b) 重み付けや共変量調整として用いた場合には因果効果推定において共変量のバランスをとり，(c) 理想的なランダム化試験を模倣したバランスのとれた群を作成することができる。特定の条件下では，傾向スコア法は選択バイアスを低減するために使用される他の方法よりも好ましい。しかし，傾向スコア分析が最も効果を発揮するためには，本章で議論した仮定が満たされていなければならない。

以下のチェックリストは，傾向スコア法が観察研究に適しているかどうかを判断するのに役立つだろう。次のステップは，傾向スコアの推定方法と応用方法を学ぶことである。次章では，傾向スコア法の実践的な応用に焦点を当てながら，具体例を用いて傾向スコア法の使用方法を説明する。

傾向スコア分析のチェックリスト

☑ 処置とアウトカムの間の因果関係を検証したい
☑ 個体がどのようにして処置群に割当てられたのかはっきりしていない
☑ 個体が処置群を選択した（または処置群に割当てられた）理由について，理論的または経験的な根拠を熟知している
☑ 処置状態およびアウトカム変数に関連する測定された共変量を利用できる
☑ 利用可能な共変量の集合には，処置（原因）変数とアウトカムに影響を与えるほぼすべての交絡変数が含まれている
☑ 処置群と統制群の傾向スコアの分布が十分に重なっている
☑ 各共変量内の欠測データはほとんどない
☑ 共変量の測定と尺度は妥当で信頼性のあるものである

章末問題

1.1 選択バイアスとは何か？

1.2 傾向スコアとは何か？

1.3 どのようなときに，選択バイアスを制御するために傾向スコア法を使用すべきか？

1.4 傾向スコア法はどのようにして選択バイアスを制御するのか？

1.5 どのようなときに，傾向スコア法ではバイアスを十分に低減できないのか？

第2章

共変量選択と傾向スコア推定

前章では，傾向スコア法を使用することが適切である条件とその仮定に焦点を当てた。傾向スコアが研究に役立つと判断できたら，次は傾向スコアの計算である。そのためには，共変量を選択し，適切な統計モデルを決定し，統計的手続きを経て傾向スコアを推定しなければならない。傾向スコア法の目的は，処置群と統制群の共変量の分布のバランスをとることである。そのため，傾向スコアのモデリングを行う際には，この目的を念頭に置いておく必要がある。傾向スコア法が有効に機能するかは良い共変量が含まれているかに依存する。本章では，適切な共変量を選択し，自己選択との関係をモデリングして，選択バイアスを効果的に減少させる方法について議論する。本章の最後では，Playworksデータを使用して，傾向スコアを推定する際の共変量選択の方法を示す。データの詳細は2.4.1項で説明し，いくつかの統計ソフトウェアパッケージ（Rなど）のデータセットおよびコードは本書のウェブサイトで提供されている。本章を読み終えることで，観察研究における選択バイアスを十分に考慮した傾向スコアのモデリングと推定ができるようになる。

2.1　共変量選択

2.1.1　共変量選択のメカニズム

共変量選択のメカニズムは，傾向スコアモデルの共変量を選択する際の基準となる。すべての研究者が同じ基準に従っているわけではないが，ほとんどの研究者は，共変量の選択は以下の 2 つの主要な基準によって導かれるべきであることに同意している。

(a) 特定の変数がなぜ，どのように処置状態やアウトカムに関連しているのかという理論的枠組みの基準
(b) 潜在的な共変量が処置状態やアウトカムと統計的にどの程度関連しているのかという基準

共変量と処置状態およびアウトカム変数との関係　因果関係を評価するためには，反事実的条件 (Lewis, 1973) に基づいて，処置群と統制群に割当てられた個体が，処置状態以外のすべてについて同一で状況が理想的である。しかし，実証研究では，処置効果に影響を与える可能性のある交絡要因や変数についてのみバランスをとることがより現実的であり，最低限必要である。したがって，傾向スコアモデルの共変量を検討する際には，処置状態やアウトカムについて各共変量との関係を評価することから始める必要がある。傾向スコア推定モデルに最適な共変量は，処置状態とアウトカムの両方に関連するものである。

傾向スコア法の主な目的は，個体が特定の処置とどのように関連しているかをモデリングすることであるので，共変量が処置状態を予測することはある程度重要である。共変量がアウトカムにも関連している場合は，それらがアウトカムに影響を与えていることを示す。処置状態とアウトカムの両方に関係があることが，バイアスの

原因となる。したがって，バイアスの原因となるこれらの変数は無視できないと考えられ，バイアスを十分に考慮するために傾向スコアモデルに含めなければならない（詳細は 1.3 節を参照）。しかし，傾向スコアモデルに含まれる共変量は，処置状態とアウトカム変数の両方に関連している必要はない。どちらか一方だけに影響がある場合でも，その共変量を傾向スコアモデルに含めることが正当化されるだろう。

共変量が処置状態ではなく，アウトカム変数と相関している場合でも，アウトカムの推定に影響を与えるので傾向スコアモデルに含める必要がある (Brookhart et al., 2006; Rubin & Thomas, 1996)。例えば，特定の技能に焦点を当てた職業訓練プログラムが，従業員の職務能力の向上に与える影響を評価したいとする。従業員の技能が能力に影響を与えることがわかっているが，従業員の仕事を上司が褒める頻度にも同様に影響を与える。仮に上司の褒め方を訓練の一部として含めないと仮定すると，上司の褒め方が処置効果の推定にバイアスをもたらす可能性がある。すなわち，統制群の従業員は，上司から褒められる頻度が処置群の従業員と同じではない可能性があるのだ。したがって，両群間の能力の差は，職業訓練プログラムへの参加だけでなく，上司から褒められる頻度にも依存することになる。ゆえに，能力に対するバイアスのない処置効果を推定するためには，処置群と統制群の間で褒める頻度のバランスをとることが不可欠である。この例は，処置状態とは無関係であっても，傾向スコア推定モデルに共変量として褒められる頻度を含める必要があることを示している。

ある変数が処置状態に関連しているがアウトカムには関連していない場合，傾向スコア推定モデルにその変数を含めるか除外するかは，潜在的な共変量と処置状態との関係の性質に依存する (Brookhart et al., 2006)。共変量が処置状態に影響を与える場合，処置効果を間接的に変化させる可能性があるため，その共変量は傾向スコア推定モデルに含めるべきである。例えば，心理学者は社会不安障害の治療として認知行動療法 (CBT) を行っているが，患者の自己理解が CBT の経験に影響を与えることがわかっているとする。自己理解は社会不安障害と直接関係はない（例えば，社会不安障害の人は自己理解が弱い場合も強い場合もある）が，通常，自己理解が強い患者は，自己理解が弱い患者よりも CBT に反応しやすい。この場合，自己理解が処置経験に影響を与えるので，自己理解の度合いによって処置効果が変わる場合がある。したがって，自己理解は傾向スコアを推定する際に共変量として含めるべきである。

共変量は処置状態と関連しているが，処置に影響を与えない場合は（アウトカム変数と関連していない場合も），モデルに含めるべきではない。前の例を発展させて，CBT が摂食障害の治療にも使用されているが，摂食障害があることと社会不安障害があることとは関係がないと仮定する。CBT は摂食障害と社会不安障害の両方の症状を軽減する可能性があるが，2 つの症状の間には因果関係はない。このような状況では，摂食障害が CBT 処置や社会不安障害への効果に影響を与えることはない。CBT が摂食障害の症状に影響を与えるが，摂食障害の症状は CBT に影響を与えないような時間的な前後関係があれば，摂食障害症状を共変量として含める必要はない。実際には，傾向スコアモデルに摂食障害の症状を含めることは有害かもしれない。処置状態にのみ関連する変数を含めることは有益だが，その変数が処置に影響を与える（共変量が処置よりも時間的に先行している等）かどうかが条件となる。変数が処置に影響を与える場合，その変数は傾向スコア推定モデルの共変量として含まれるべきであり，そうでない場合は含まれるべきではない。

2.1.2 共変量選択の理論的基礎付け

共変量を選択するための上記の3つの状況は，理論的な基礎付けがあるか，または既存のエビデンスに裏付けられていなければ，遂行することができない。したがって，どの交絡要因または変数が処置およびアウトカムと関連しているかを決定するために，理論または先行研究を参考にすべきである。文献の徹底的なレビューは，傾向スコア推定モデルの共変量を選択する際の最初のステップである。共変量を選択する際の従来の慣習に従い，傾向スコアを使用する研究者は，交絡要因を特定するための理論的な基礎付けを行うために，既存の文献を参照すべきである。従来の共変量調整で行うのと同様に，我々は統計モデルで制御する必要があるので，先行研究でも支持されている共変量を探すこととなる。それらの変数の効果を部分的に除去し，処置効果のより良い推定値を得ることができる。

従来の共分散分析 (ANCOVA) と傾向スコア法はどちらも同じ目的をもっている。それは，アウトカムの推定の精度を高めることである。しかし，傾向スコアモデリングと従来の共変量調整との違いは，変数がどのようにモデリングされるかにある。従来の共変量調整（すなわち重回帰分析や ANCOVA）で共変量を選択する場合，モデルに含めることのできる共変量の数には制限があるかもしれない。というのも，共変量を追加するたびに，利用可能な自由度や，推測検定の検出力が低下するからである。傾向スコアは多くの共変量を1つのスコアに集約するので，傾向スコアモデルに含めることができる共変量の数を制限する必要はない。我々は利用可能なすべての共変量を含めることを提唱しているわけではないが，共変量が多すぎることを恐れて必要な共変量を除外してはならない。共変量が適切である限り，傾向スコア推定モデルに含まれる共変量が多ければ多いほど，傾向スコア法を適用した後に各群のバランスをとれる可能性が高くなる (Rosenbaum & Rubin, 1985)。

さらに，従来の共変量調整では，分析でしか交絡要因を扱わないのに対し，傾向スコア法では，これらの変数を分析前の研究デザインの段階で（時には研究デザインと分析の両方で）扱うことを覚えておくべきである。傾向スコア法は，従来の共変量調整に比べて2つの利点がある。

第1に，共変量と処置割当との関係に基づいて傾向スコアをモデリングすることで，統計モデルで共変量を直接制御するのではなく，ランダム化比較試験との比較が可能になる (Rosenbaum & Rubin, 1985)。第2に，傾向スコアモデリングにより，研究者は研究デザインの段階で選択バイアスを除去した後に，処置効果のシンプルな統計モデルを選択することができる。したがって，既存の文献から適切な共変量を探索する際には，どのような要因が処置の割当に影響を与えるのか，またどのような要因がアウトカムに影響を与えるのかを熟慮する必要がある。

2.1.3 適切な共変量を決定するための手順

共変量プールの決定　文献をレビューする際に，どのような変数が適切な共変量として機能するかを知っておくことが不可欠である。先行研究や理論は，前項で述べたように，正しい交絡変数を特定するのに役立つ情報源である。例えば，大学の種類（国公立か私立かなど）が卒業率にどのような影響を与えるかを調べる際には，(a) 学生の大学選択に影響を与える要因，(b) 学生が学位を取得する確率に関連する要因，を制御する必要がある。先行研究によると，学生の卒業率に影響を与える多くの要因が大学選択にも影響を与えていることが示されている。これらの要因としては，SAT（大学進学共通試験），ACT，またはそれに相当するスコアなど (Hernandez, 2000)，両親の収入，学生ローンの利用可能性，奨学金の受給資格などの経済状況 (Nora, 2001; Tinto, 1994)，宗教や人種の多様性などの学校環境 (Lane, 2002) などがある。これらの変数はすべて，学生の入学時の大学選択と規定通り卒業できるかどうかの両方に直接関係しているため，傾向スコアの推定モデルに含めるべきである。

研究状況の考察　研究者は通常，リサーチクエスチョンに答えるために 2 つの状況に直面する。

(a) 研究をデザインし，そのデザインに沿った分析のためのデータを収集する
(b) 入手可能な既存のデータや二次データを利用する

共変量選択のメカニズムは，状況に応じて異なる。最初から研究をデザインする場合，研究者は先行研究で示唆されているすべての共変量についてデータを収集しなければならない。二次データを使用する研究では，傾向スコアモデルに含める利用可能なすべての共変量を投入すべきである。

利用可能な変数しか含めることはできないが，未観測の場合でも，選択バイアスに影響を与える変数を認識することは依然として重要である（例えば，過去の文献では両親の収入が選択バイアスに影響を与えることを示唆しているが，データには両親の収入に関する情報が含まれていない)。これらの変数が含まれないことは，無視できる処置割当の仮定（1.3.1 項参照）に違反しており，処置効果の推定にバイアスを生じさせる。両群で共変量に関するデータを得た後，傾向スコア推定モデルに含める最終的な共変量を決定するために，以下のステップに従うべきである。

予備的な統計的評価　関連文献をレビューした後，傾向スコアモデルに含める必要があるすべての共変量と除外すべき共変量（例え

ば，処置状態への影響もアウトカムとの関係もない共変量）を同定したと仮定する。実際問題として，第1に共変量とアウトカム変数および処置状態との相関を調べる必要がある。アウトカムと処置状態の両方で統計的に有意に相関していれば，傾向スコアモデルの推定に使用される共変量の集合として考慮されるべきである (Brookhart et al., 2006)。第2に，アウトカム変数にのみ有意に関連する変数を注意深く調べる必要がある。有意に相関する変数は，傾向スコア推定モデルに含める必要がある。第3に，処置状態を変化させる変数も，傾向スコア推定モデルに含める必要がある。

2.1.4 共線性と過剰補正

共変量の選択に関する見落とされがちな問題は，共変量間の共線性と，傾向スコア法を適用する前にはバランスがとれていた共変量を過剰に補正してしまうことである。まず，傾向スコアモデルにおける共変量の**多重共線性**は，推測統計検定で見られるのと似たような問題がある。傾向スコアモデルの共変量に高い相関がある場合，傾向スコア推定モデルへ独自に寄与する共変量だけを含める（似たような寄与する共変量は含めない）ことで，強い相関をもつ共変量のすべての群間の分布のバランスをとる必要がある。学校選択の例では，学生の世帯収入と労働時間は強く関連している。したがって，2つの変数のうちの1つだけを傾向スコアモデルに含めることで，両方の変数を含めるのと同じように共変量の群間のバランスがとれる。つまり，モデルに含める変数を絞ることで世帯収入に関する群のバランスをとることができれば，たとえ労働時間を傾向スコアモデルに含めなかったとしても，その変数も同時にバランスがとれることとなる。

もう1つの潜在的な問題は**過剰補正**で，これは，重要な共変量が，傾向スコア法を導入した後に，導入前よりも群間のバランスが悪くなった場合に発生する。多くの観察研究では，いくつかの変数はすでにバランスがとれているか，あるいは調整を行わなくてもバイアスが少ない。しかし，利用可能なすべての共変量から傾向スコアを推定する場合，すでにバランスがとれている共変量は，モデル内の他の共変量と一緒に調整されることがある。この場合，すでにバランスがとれていた個々の共変量については，かえってバイアスが生じるかもしれない (Bai, 2013; Hirano & Imbens, 2001; Stone & Tang, 2013)。したがって，傾向スコアモデルに含める共変量を選択する際には，共変量がどのように相互に関連するか，また，個々の共変量が処置状態やアウトカムとどのように関連しているかを考慮する必要がある。

2.2　傾向スコア推定

Rosenbaum & Rubin(1983, p.47) が最初に傾向スコアを紹介したとき，彼らは，真の傾向スコアは通常未知であるため，傾向スコアを推定するために「適切なロジットモデル (Cox, 1970) または判別スコア」の使用を推奨した。実際には，ロジスティック回帰，判別分析，分類と回帰木，ニューラルネットワークを用いて傾向スコアを推定することができる。これらのうち，ロジスティック回帰は比較的単純で共変量のバランスをとるのに有効であることから，最も広く使用されている。分類と回帰木などの手法も頻繁に使用されており (Westreich et al., 2010)，どちらの手法もアンサンブル法と呼ばれる手順で複数のモデルを平均化して作成するために使用されることが多い。

2.2.1　ロジスティック回帰

ロジスティック回帰は，2 値の目的変数を回帰モデルで推定する

2項ロジット分析の一種である。通常の最小二乗回帰と同様に，ロジスティック回帰は，連続予測変数とカテゴリカルな予測変数の両方に対応できるので，**多元配置の頻度分析** (multiway frequency analysis) やクラスター分析よりも汎用性が高い。ロジスティック回帰は，カテゴリカルな予測変数だけであれば通常の最小二乗法または加重最小二乗法でも簡単に扱うことができるが，連続予測変数を含む場合は，最尤法が必要になる (Allison, 2012)。このアプローチを使用すると，予測変数として推定された係数は，サンプル内の観察された目的変数のアウトカムの値を予測する可能性が最も高いものとなる (Pampel, 2000)。

傾向スコアを推定するためにロジスティック回帰を使用する場合，観察されたすべての共変量が，処置または割当条件を予測する予測変数としてモデルに同時に含まれる。処置変数は2値でなければならず，通常，統制条件を示す0と処置条件を示す1に変換される。共変量は，連続変数またはカテゴリカル変数のいずれかである。しかし，カテゴリカル変数が2つ以上のレベルをもつ場合，それらをダミー変数に再変換する必要がある。通常の最小二乗回帰と同様に，各共変量の推定係数から回帰方程式が作成される。回帰式から推定される予測確率が傾向スコアである。各傾向スコアは0から1の範囲をとり，個体が特定の群（通常は処置群）に入る確率の推定値となっている。したがって，傾向スコアが0に近い場合は個体が統制群に入りやすい特徴を，傾向スコアが1に近い場合は処置群に入りやすい特徴をもっていることを示す。傾向スコアが等しい個体は，共通の特徴をもっている。

第1章の例を引いて，子供の学力に対する親の期待が生徒の数学の成績に影響を与えるかを考える。共変量として，性別，社会経済的地位 (SES)，数学への自信を含めるとする。この場合，ロジスティック回帰を使用して，共変量がどのように親の期待度を予測するかをモデリングした傾向スコアを作成する。

回帰式は次のようになる。

$$u = \beta_0 + \beta_1 X_{1i} + \beta_2 X_{2i} + \beta_3 X_{3i} \tag{2.1}$$

ここで u はロジスティック回帰におけるロジットモデルで，予測変数の値に依存して結果が発生する対数オッズの線形関数である。この例では，β_0 は定数，β_1，β_2，β_3 は各共変量と親の期待度との間の関係の強さを表す重み（パラメータ），X_{1i}, X_{2i}, X_{3i} はそれぞれ性別，SES，数学への自信に関する生徒の変数である。ロジスティック回帰より，回帰係数が $\beta_0 = -0.87$, $\beta_1 = 0.46$, $\beta_2 = 1.19$, $\beta_3 = 0.29$ となり，回帰式は次のようになる。

$$u = -0.87 + 0.46X_{1i} + 1.19X_{2i} + 0.29X_{3i}$$

そして，各生徒の傾向スコアは式 (2.2) に基づいて決定される。

$$\hat{e}\left(X_i\right) = \frac{1}{1 + \exp(-(-0.87 + 0.46X_{1i} + 1.19X_{2i} + 0.29X_{3i}))} \tag{2.2}$$

ここで，$\hat{e}(X_i)$ は，特定の生徒が期待度の高い親をもつことになる傾向スコアまたは予測確率である。表 2.1 は，共変量の値に基づいた 3 人の生徒の傾向スコアの例を示している。最初の生徒であるアルベルトの傾向スコアが高いので，彼の両親は彼に学業面での期

表 2.1 推定された傾向スコアと共変量の例

生徒	性別	SES	自信	傾向スコア
アルベルト	0	1	3.7	0.8
ビアンカ	1	0	1.4	0.5
キャメロン	0	0	0.1	0.3

待を高くもっている可能性が高く，一方，キャメロンの両親は彼への期待度が低い可能性が高い。ビアンカの傾向スコアは0.5に近いので，彼女の両親は期待度が高くも低くもないのだろうと予測される。

2.2.2 決定木や回帰木による方法

再帰的分割法としても知られる決定木による方法は，研究者がいくつかの共変量の類似性に基づいて個体をグループ化できるノンパラメトリックな方法である。予測変数と目的変数の間の関係を記述する決定規則を使用して，データを分割する様々な方法に基づいてグループ化する。ロジスティック回帰と同様に，連続予測変数とカテゴリカル予測変数の両方を使用することができ，結果として得られる値は，個体が他の群よりも特定の群に属する確率となる。

分類と回帰木 (CART, classification and regression tree) 手法は，「目的変数に関して，事前に設定された分割基準に従って」，2つの異なるサンプルを作成することができるかどうかについて，各予測変数を用いる (Lemon et al., 2003, p.173)。最も特徴的な分割を生成できる予測変数が最初に使用される。次のデータの分割は，2番目に影響の強い予測変数に基づいて行われ，それ以降の分割は，残りの予測変数に基づいて行われる。その結果，サンプルの各分割を表す一連の階層的な枝をもつ木 (tree) のような構造になる。モデルが特定のデータセットに過剰適合するのを避けるために，分類木は「枝刈り」(pruned) されることがあり，それによって分割の数が制限される。傾向スコアを作成する文脈では，処置群に属する確率は，各分割またはノードで推定される。したがって，末端の分岐は，ある確率で割当てられた個体の小さな群を表し，その確率が傾向スコアとなる。したがって，多くの個体が同じ傾向スコアを共有する可能性が高く，この状況はロジスティック回帰を用いた場合には起こりにくい。この点において，第3章で説明するフルマッチングや層別化のような特定のタイプの傾向スコア手法を使用する場合においては，CARTの方がロジスティック回帰よりも優位性をもつことがある。

2.2.3　アンサンブル法

アンサンブル法は既存の傾向スコア推定量を使用して，共変量または個体の一部の集団に基づいて変化する複数の傾向スコアモデルを作成する。これらのモデルを平均化して，1つのモデルを作成する。**ブートストラップ・アグリゲーション** (bootstrap aggregation) は，**バギング**とも呼ばれ，ブートストラップされた一連のサンプルから多くの分類木の結果を平均化する (Lee et al., 2010)。この手順では，CARTによって傾向スコアを推定するために，利用可能なデータセットから設定された数の個体を（復元）無作為抽出する。CARTは，アウトカム変数との相対的な強さに基づいて共変量（および，それらがモデルで使用される優先順位）を自動的に選択するので，個体と共変量の両方が，ブートストラップされたサンプルから作成された各CARTモデルに対して変化する。サンプルに含まれない個体は，推定モデルの**交差検証** (cross validation) に使用される (Luellen et al., 2005)。推定されたモデルは，ブートストラップされたサンプルごとに個別の分類木が推定され，結果として得られた木が集約されて，各個体の1つの傾向スコアが作成される。**ランダムフォレスト**は，各モデルで検定される共変量を無作為に選択することを除いては，バギングに似ている。このアプローチでは，モデルに含まれる特定の予測変数を指定しない。

ランダムフォレストと同様に，その他の**機械学習**の手法もまた，事前に想定したモデルに基づくものではなく，利用可能なデータを検定して最適なモデルに適合するように決定される一連の分類方

程式 (classification equations) を用いる。しかし，いくつかのコンピュータプログラムでは，共変量を無作為に選択するのではなく，変数の様々な組み合わせを繰り返し検定することで，より良い分類モデルと予測モデルを作成することができる (Lee et al., 2010; Linden & Yarnold, 2016; Westreich et al., 2010)。したがって，反復の過程でつくられるモデルは，前につくられたモデルよりもデータによく適合することになる。この反復プロセスは，分類モデルが利用可能な予測変数からアウトカム変数を十分に予測できるようになるまで続く。

メタ分類として知られることもある**ブースティッド・モデリング**は，共変量の異なる組み合わせを使用して作成された複数の傾向スコアモデルを平均化する。各モデルは，割当状態を予測する精度に基づいて重み付けされ，単一の安定したモデルを形成するために集約される。バギングとは異なり，各モデルに元のサンプルから利用可能なすべての個体を使用し，分類するのがどれだけ難しいかに基づいて個体に重みを付ける。機械学習と一緒に使用する場合，後のモデルにはより大きい重みが与えられる。個々の予測モデルは，ロジスティック回帰または分類木を用いて推定することができる (Lee et al., 2010)。

2.2.4 どのモデルがベストか

ロジスティック回帰を用いた傾向スコア推定量は性能が良い傾向があるが，特定の条件下ではロジスティック回帰よりもバイアスを低減できる可能性のある他の有効な方法もある (Lee et al., 2010; Luellen et al., 2005; Setoguchi et al., 2008; Stone & Tang, 2013)。例えば，傾向スコアでマッチングや層別化を行う場合，ロジスティック回帰は，CART，ブースティッド・モデリング，または100個以下のブートストラップサンプルでのバギングよりも優れた傾向スコアを作成する傾向がある (Luellen et al., 2005; Stone & Tang, 2013)。しかし，ブースティッド・モデリングは，重み付けのための傾向スコアを作成する場合には最適な手法となることが多い (Lee et al., 2010; Stone & Tang, 2013)。CART による推定値は，使用する CART モデルによって大きく異なる。したがって，CART を使用する場合は，分類木の「枝刈り」を避け，ランダムフォレストやブースティッド・モデリングと併用するのがよいだろう (Lee et al., 2010; Setoguchi et al., 2008)。

2.3 まとめ

傾向スコア法が選択バイアスを効果的に低減するためには，良い傾向スコアを推定しなければならない。そのためには，傾向スコアモデルにおいて適切な共変量を選択し，傾向スコアの分布が共変量の分布を正確に反映するようなモデリングが必要である。共変量を選択するとき，それらが処置状態およびアウトカム変数とどのように関連しているかを考慮することが不可欠である。また，線形の共変量を傾向スコアモデルに含めることはもちろんのこと，非線形の変数や共変量間の交互作用も含めることもできる。モデルに選択された共変量よりも重要度は低いものの，どの統計アルゴリズムがこれらの共変量から最良の傾向スコアを推定するかを検討することも重要となる。アルゴリズムによっては，特定の調整方法に対して他の方法よりも優れている場合もあるが，ロジスティック回帰とブースティッド・モデリングは一般的にほとんどのデータセットでうまく機能する。

2.4 具体例

本節では，第2章〜第4章で扱う Playworks データの説明と，(a) 傾向スコア推定モデルの共変量の選択方法，(b) 傾向スコアを推定するために最も一般的に使用されている方法について紹介する。ここでは，傾向スコアモデルの共変量を選択するために用いられた統計量のみを示す。R および SAS を用いてこれらの結果を得るためのスクリプトをウェブサイト (`study.sagepub.com/researchmethods/qass/bai&clark`) に掲載している。

2.4.1 データの説明

本書で紹介する傾向スコア法の具体例に用いるデータセット (`psdemo.csv`) は，ICPSR (ICPSR 35683) から公開されているデータの一部である。これらのデータは，Playworks 介入プログラム (`www.playworks.org`) の一環として，米国6都市の小学4年生と5年生から収集されている。調査では，学校風土，問題解決，学習と成績，休み時間の経験，大人や友人との交流についての生徒の認識を測定した。本書の具体例のために選択されたデータは，991の個体と18の変数から構成されている（表2.2）。変数には，処置変数（処置 vs 統制），アウトカム変数，および16の共変量が含まれている。処置群 ($n = 147$) は，小学校の体育教員が介入し問題の解決を促す，様々な活動を提供するプログラムである Playworks に割当てられた。統制群 ($n = 844$) は，介入を行わずに，これまで通りの休み時間の活動にあてた。Playworks の評価は，もともとランダム化比較試験としてデザインされているが，我々が使用するデータのサブセットは，非ランダム化比較試験を模倣している。具体例を示す目的でのみ個体が選択されているため，これらのデータは，Playworks プログラムに関する実質的なリサーチクエスチ

表 2.2 Playworks データセットの変数

変数のドメイン	内容	変数名 (レベル)
処置状態（処置変数）		
	Playworks への割当て	s_treatment（統制群は 0，処置群は 1）
アウトカム（アウトカム変数）		
	休み時間での安心感	S_CLIMATE_RECESSSAFETY
共変量		
人口学的属性	性別	s_gender（女性は 0，男性は 1）
	学年	s_grade（4 年生は 4，5 年生は 5）
学校風土	コミュニティ感覚	S_CLIMATE_COMMUNITY
	学校での安心感	S_CLIMATE_SCHOOLSAFETY
問題解決	攻撃性	S_CONFLICTRES_AGGRESSIVE
	他の生徒との関係性	S_CONFLICTRES_RELATIONSHIPS
	攻撃性に関する規範的信念	S_CONFLICTRES_AGGBELIEF
学習・成績・学級行動	休み時間が授業中の行動に与える影響	S_LEARNING_RECESSEFFECT
	スポーツ等が授業中の行動に与える影響	S_LEARNING_SPORTSEFFECT
	学習への関与と不満	S_LEARNING_ENGAGEMENT
	休み時間の組織的なゲーム参加	S_RECESS_ORGANIZED
	休み時間の楽しみ方	S_RECESS_ENJOYMENT
青少年育成	学校での大人との交流	S_YOUTHDEV_INTERACTIONS
	交流における自己効力感：争い	S_YOUTHDEV_PEERCONFLICT
	交流における自己効力感：争い以外	S_YOUTHDEV_PEERNONCONFLICT
身体活動と健康	身体活動の自己イメージ	S_PHYSICAL_SELFCONCEPT

ョンとの関連においては，限られた実証的価値しかないことに注意されたい。

2.4.2 共変量選択

2.1 節で述べたように，先行研究が示唆する処置状態とアウトカムに関連する共変量が得られれば，統計手法を用いてこれらの関係を検証することができる。推測統計による予備的な検定を行うことは有用であろうが，傾向スコアモデルに含まれる共変量に関する最終的な決定は，標準化バイアスまたは効果量の尺度に基づくべきである。連続共変量に対する t 検定や，カテゴリカル共変量に対するカイ二乗検定などの統計的検定は，最初の基準として群間差を比較するために使用できる。相関係数は，共変量と連続アウトカムの間の関係を調べるために使用されることがある。一般的に，共変量とアウトカムの間の相関が 0.1 より大きい場合は，共変量がアウトカムと十分に関連していることを示し，0.05 または 0.1 より大きい効果量（例えば，コーエン (Cohen) の d）は，2 つの群間に分布する共変量のバランスがとれていないことを示唆する。

表 2.3 は具体例として用いる Playworks データについて，16 個の共変量すべてと処置状態およびアウトカムの両方との関係を示している。3 つの共変量（太字で強調された **s_gender**，**s_grade**，**S_CONFLICTRES_AGGRESSIVE**）を除くすべての共変量は，コーエンの d に基づくとバイアスがあるが，統計的検定の結果からは，7 つの共変量において処置状態間で有意な差異があることがわかる。ここでは，保守的な基準（$d < 0.05$）を用いて，共変量のうち 13 個が処置効果に影響を与えるバイアスをもつと結論付ける。しかし，最初にバランスがとれていた共変量でも，マッチングしたデータではバランスがとれていなくなり，処置効果推定に影響を与える可能性がある。したがって，傾向スコア調整後のすべての共変量のバラ

表 2.3 共変量，アウトカム変数および処置状態の間の関連

	アウトカム[a]		処置状態[b]		
	r	χ^2/t	自由度	p（両側）	d^c
s_gender	0.05	0.10[d]	1	0.75	**0.03**
s_grade	0.02	0.06[d]	1	0.80	**0.02**
S_CLIMATE_COMMUNITY	0.55	7.96	808.40[e]	< 0.001	0.36
S_CLIMATE_SCHOOLSAFETY	0.79	1.95	989	0.052	0.17
S_CONFLICTRES_AGGRESSIVE	0.51	−0.73	526.09[e]	0.464	**0.04**
S_CONFLICTRES_RELATIONSHIPS	0.45	−1.43	989	0.153	0.13
S_CONFLICTRES_AGGBELIEF	0.48	−0.82	989	0.410	0.07
S_LEARNING_RECESSEFFECT	0.30	3.92	669.62[e]	< 0.001	0.19
S_LEARNING_SPORTSEFFECT	0.33	2.63	320.32[e]	0.009	0.16
S_LEARNING_ENGAGEMENT	0.39	1.62	989	0.105	0.15
S_RECESS_ORGANIZED	0.11	3.29	451.28[e]	0.001	0.18
S_RECESS_ENJOYMENT	0.20	1.82	718.75[e]	0.068	0.08
S_YOUTHDEV_INTERACTIONS	0.10	3.40	606.96[e]	0.001	0.17
S_YOUTHDEV_PEERCONFLICT	−0.01	2.67	989	0.008	0.24
S_YOUTHDEV_PEERNONCONFLICT	0.06	4.78	581.64[e]	< 0.001	0.24
S_PHYSICAL_SELFCONCEPT	0.10	0.97	989	0.332	0.09

[a]S_CLIMATE_RECESSSAFETY; [b]s_treatment; [c] コーエンの d; [d]χ^2;
[e] 等分散を仮定しない調整済み自由度

ンスを検定する必要がある。

次に，共変量とアウトカム変数 (S_CLIMATE_RECESSSAFETY) との関連を確認する。連続共変量のうち，S_YOUTHDEV_PEERCONFLICT と S_YOUTHDEV_PEERNONCONFLICT は，アウトカムには関連していないが，処置状態には関連している。この場合，この 2 つの変数は，「Playworks が学生に安心感を与える効果（処置効果）」に影響を与えると仮定するのが最善である。そのため，傾向スコア推定モデルにこの 2 つの変数を含める。S_CONFLICTRES_AGGRESSIVE（攻撃性）は，2 つの処置状態との関連は弱いが，アウトカム変数とは 0.51 と強い相関がある。この場合，傾向スコアモデルにこの共変量を含めることは有益だろう。傾向スコアモデルに含めることができる共変量の数に制限はないので (Rosenbaum & Rubin,

1983), 攻撃性を考慮することはより多くのバイアスを減少させる可能性がある。

一方，2つのカテゴリカル共変量である性別 (s_gender) と学年 (s_grade) は，学校での安心感 (S_CLIMATE_SCHOOLSAFETY) とは関連していなかった。これらの共変量はアウトカムや処置状態とは関連していないので，通常は傾向スコア推定モデルから除外する。しかし，連続変数とカテゴリカル変数の両方が傾向スコアモデルでどのように使用できるかを実証するために，本節で説明する例と同様に，第3章と第4章でもそれらを含めることとする。

2.4.3 傾向スコア推定

どの共変量が選択バイアスに寄与する可能性が最も高いかを決定した後，2.2節で説明した予測モデルでこれらの共変量を用いることで，傾向スコアを推定することができる。分類木や一般化ブーステッドモデル (generalized boosted models, GBM) を用いて傾向スコアを推定する方法は，本書のウェブサイトでも紹介している。ここではロジスティック（またはロジット）モデルを用いて傾向スコアを推定する方法を示す。

ロジットモデルを用いた傾向スコアの推定 ほぼすべての統計ソフトウェアは，ロジスティック回帰モデルを実行できる。ロジスティック（またはロジット）回帰モデルを使用して傾向スコアを推定する場合，処置状態（Playworks データセットの s_treatment など）を示す処置変数（原因変数）は，(2つのカテゴリのみをもつ) 2値変数でなければならない。

どの共変量を用いるかを決めるためにアウトカム変数を使用したが，傾向スコアの推定はアウトカム変数とは独立であるはずなので，傾向スコア推定モデルにアウトカム変数を含めるべきではない。したがって，Playworks 参加者の処置状態 (s_treatment) をアウトカム変数とし，すべての共変量（表 2.4 の行 4 から行 19）を予測変数としてロジスティック回帰を実行した。各個体（学生）が Playworks プログラムに参加する予測確率は傾向スコアである。一般的に，統計ソフトウェアで傾向スコア用にデザインされた分析オプション（パッケージ等）を使用する場合，各個体の推定された傾向スコアが計算され保存される。表 2.4 は，傾向スコアモデルで使用された変数の値とその結果の傾向スコア（行 20）である。この表から，学生 (student_id) 2273 の傾向スコアは 0.046 であり，これは行 4 から行 19 までの 16 個の共変量すべてを表す複合スコアである。推定された傾向スコア 0.046 は，実際に統制群にいる学生 2273 が，本人の観察された特徴（すなわち，16 の共変量の値）に基づいて，処置群に割当てられる確率が 4.6% であることを意味する。

サンプルの傾向スコアが得られれば，それらを使用して，処置群と統制群間の共変量の分布の全体的なバイアスを評価し，調整することができる。

傾向スコアにおける共変量選択のチェックリスト

- ☑ 共変量は処置状態とアウトカム変数の両方に関連している
- ☑ 共変量はアウトカム変数と関連しているが，処置状態とは関連していない
- ☑ 共変量は処置状態と関連しており，処置前に測定されていて処置に影響を与える

表 2.4 共変量を用いた傾向スコア推定の具体例

1	student_id	2273	3973	5133	9834	13273	14973	16414	17974	18814	19444
2	s_treatment	0	1	0	0	0	1	0	1	0	0
3	S_CLIMATE_RECESSSAFETY	2.00	2.75	1.75	1.75	3.75	3.00	3.50	2.75	4.00	2.00
4	s_gender	1	0	1	0	0	1	1	1	1	0
5	s_grade	5	4	4	4	5	5	4	5	4	5
6	S_CLIMATE_COMMUNITY	1.92	2.77	3.15	2.92	3.62	3.31	3.15	2.92	2.38	2.33
7	S_CLIMATE_SCOOLSAFETY	2.00	2.25	1.50	1.75	3.50	2.00	3.75	2.50	2.50	1.75
8	S_CONFLICTRES_AGGRESSIVE	1.00	1.50	1.00	1.67	1.33	2.17	1.33	1.00	1.00	1.00
9	S_CONFLICTRES_RELATIONSHIPS	2.00	3.33	3.00	3.67	4.00	2.33	3.33	3.00	2.33	−9.00
10	S_CONFLICTRES_AGGBELIEF	1.00	2.38	2.13	1.57	1.00	1.88	1.63	1.75	1.00	1.00
11	S_LEARNING_RECESSEFFECT	2.67	1.67	2.00	3.00	4.00	1.67	2.00	2.33	1.67	2.00
12	S_LEARNING_SPORTSEFFECT	1.00	2.67	1.00	3.00	3.33	2.67	3.00	2.00	1.33	2.00
13	S_LEARNING_ENGAGEMENT	3.80	3.50	3.70	2.70	3.60	2.80	2.60	3.00	3.40	4.00
14	S_RECESS_ORGANIZED	0.00	2.50	2.33	2.00	2.33	1.67	2.00	1.67	0.83	2.00
15	S_RECESS_ENJOYMENT	3.71	3.86	3.86	3.71	4.00	3.71	3.29	2.71	2.71	3.43
16	S_YOUTHDEV_INTERACTIONS	3.83	3.83	3.17	3.33	3.67	3.50	3.17	2.50	3.00	3.67
17	S_YOUTHDEV_PEERCONFLICT	1.13	2.25	2.00	1.63	1.00	2.38	2.50	2.75	4.00	2.33
18	S_YOUTHDEV_PEERNONCONFLICT	3.25	2.00	1.50	1.25	1.25	2.00	2.00	2.00	2.25	1.50
19	S_PHYSICAL_SELFCONCEPT	1.09	1.82	1.64	2.00	1.91	1.55	1.82	1.27	1.45	1.80
20	傾向スコア	0.046	0.094	0.159	0.133	0.303	0.279	0.247	0.203	0.124	0.573

章末問題

2.1 傾向スコアモデルに含める共変量を選択する際に，どのような基準を考慮すべきか？

2.2 初年次セミナーのデータセット (`First Year Seminar.csv`) を用いて，利用可能な共変量のうち，**(a)** 処置状態 (`Univ101`) および **(b)** アウトカム変数 (`FirstYrGPA` および `EnrollYr2`) と最も強い関係をもつものはどれか？

2.3 初年次セミナーが学業成績に与える影響を推定する際，データセットでは利用できない他の共変量で，選択バイアスに影響を与える可能性のあるものにはどのようなものがあるか？

2.4 ロジスティック回帰を用いて，初年次セミナーのデータから以下の共変量を用いて，傾向スコアを推定せよ ($p < 0.05$)。

(a) 処置状態 (`Univ101`) と有意に関連のある共変量

(b) 大学の学業成績 (`ColGPA`) に有意に関連のある共変量

(c) 処置状態と大学の学業成績の両方に有意に関連のある共変量

(d) 処置状態と大学の学業成績のいずれかに有意に関連のある共変量

2.5 初年次セミナーのデータセットから，処置状態と大学の学業成績に有意に関連するすべての変数を使用し，以下の手法を用いて傾向スコアを推定せよ。

(a) 分類木

(b) 一般化ブーステッドモデル

傾向スコアはどのように違うか？　問題 2.4(d) の共変量から推定された傾向スコアとは異なるか？

第3章

傾向スコア調整法

これまで，傾向スコア法をいつ使うのか，また，傾向スコアをどのように推定するか，について説明してきた。傾向スコアを作成した後は，それらをどのように使うかについて知る必要がある。一般的に，傾向スコアを使用する方法としては，マッチング，層別化，重み付け，共変量調整の 4 つがある。本章ではこれらの調整方法について説明し，選択バイアスがどのように低減されるか，について説明する。

これらの調整方法がどのように使われるのかを示すため，Playworks データを引き続き使用し，本章末に，2 つのマッチング手法の具体例を紹介する。本書のウェブサイトでは，これらのマッチング手法とその他の調整法についてのプログラムを提供している。

本章を読み終えることによって，(a) 様々な種類の傾向スコア調整法について理解し，(b) 特定の研究デザイン，データセット，傾向スコアの分布に基づいて最も適切な方法を選択する方針を理解できるようになる。

3.1　傾向スコアマッチング

傾向スコアマッチングは，傾向スコアの近さに基づいて，処置群の個体と統制群の個体をペアやグループにする。この方法では，傾向スコアはマッチング変数として機能するベクトルである。マッチされた個体は，両群で似通った傾向スコアと共変量の分布をもつ(元のサンプルから選択された) 新しいデータセットをもたらす。傾向スコアマッチングは，社会科学，教育学，医学の研究で最も使用される傾向スコア法である。傾向スコアを計算するための適切な統計的手法を選択するのと同様に（第2章を参照），適切なマッチング手法や調整手法を選択することは難しい。傾向スコア法がどれだけ選択バイアスを低減できるかには手法によって大きな違いがあるだけでなく，これらの違いは傾向スコアの分布にも依存している可能性がある。本章ではまず，最も一般的に使用されている傾向スコア法を説明し，実践において傾向スコア法が有用となる条件について説明する。

3.1.1　傾向スコアマッチングの類型

すべての傾向スコア法と同様に，傾向スコアマッチングは処置状態とアウトカムに関連する観察された共変量について，処置群と統制群のバランスをとることで内的妥当性を向上させるために使用する。しかし，マッチングは傾向スコア法だけのものではない。1983年にRosenbaumとRubinが傾向スコアを導入するよりもずっと以前から，観察研究における因果推論の改善に使用されてきたのだ。**完全一致** (exact) **マッチング**と**マハラノビスマッチング**は個々の共変量で行うことができるが，傾向スコアについてのマッチングは，これらの古典的なマッチングアルゴリズムに影響を与えてきた次元の問題を解決する (Guo & Fraser, 2015)。さらに，個々の共変量でマッチングする際に，選択バイアスに影響を与えるすべての共変量について，処置群と統制群のバランスをとることはしばしば困難である。傾向スコアのような単一のスコアを使用することで，処置群の個体に対して，統制群から良いマッチング相手を見つ

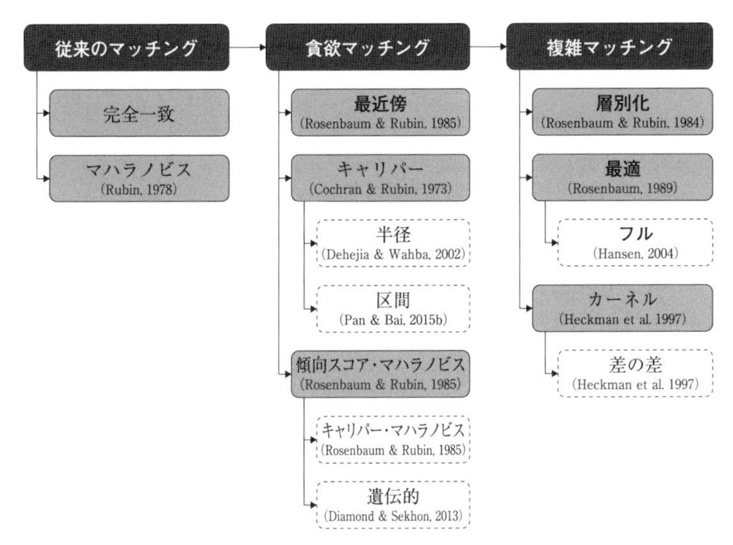

図 3.1 マッチングの類型（注：Bai(2013) に基づいて改訂）

けやすくなる (Rosenbaum & Rubin, 1983)。

傾向スコアマッチング法には様々なものがあり，図 3.1 に示すように，マッチングの類型を整理できる (Bai, 2013)。図 3.1 では，マッチング法は**従来のマッチング** (traditional matching)，**貪欲マッチング** (greedy matching)，**複雑マッチング** (complex matching) の 3 つに分類した。一般的に，貪欲マッチングでは，選択される個体の全集合に対して，マッチングされたペア間の傾向スコアの大域的な距離を採用しないのに対し，複雑マッチングでは，選択された個体の中でマッチングされたペア間の傾向スコアの大域的な距離を最小化する。図 3.1 のマッチング類型は，適切なマッチング手法を比較・選択するためのガイドとなる。図 3.1 には 12 種類の傾向スコアマッチング法が示されているが，本節では最も効率的で一般的に使用されている，**最近傍法** (nearest neighbor)，**キャリパー法** (caliper)，**最適マッチング法** (optimal matching)，**フルマッチ**

ング法 (full matching) のみに焦点を当てる。

3.1.2 貪欲マッチング

最近傍マッチング 最近傍マッチングは，処置群の各個体 i と統制群のある個体 j の傾向スコア間の最も近い絶対距離 $d(x,j) = |l(X_i) - l(X_j)|$ に基づいてマッチングを行う[a)]。最近傍マッチングを行う方法はいくつかある。処置群の個体を統制群の最も近い個体にマッチングさせるには，両群の傾向スコアを大きい値から小さい値へ，または小さい値から大きい値へ順序付けるか，またはランダムな順序で個体をマッチングさせる。

例えば，傾向スコアが 0.62，0.74，0.58，0.85 の処置群と，傾向スコアが 0.60，0.36，0.80，0.74，0.54，0.34 の統制群があるとする。この例では，非復元 (without replacement) の最近傍マッチングを使用するために，まず，両群の傾向スコアを大きい値から小さい値に，もしくは小さい値から大きい値に順序付けをする必要がある。傾向スコアを大きい値から小さい値に順位付けた場合，処置群では [0.85, 0.74, 0.62, 0.58]，統制群では [0.80, 0.74, 0.60, 0.54, 0.36, 0.34] となる。次に，処置群の傾向スコアの一番大きい値である 0.85 からマッチする値を見つける。0.85 に最も近い統制群の傾向スコアは 0.80 である。それらをマッチしたペア [0.85, 0.80] として選択し，マッチされたサンプルに含める。

同様にして，処置群の傾向スコアの 2 番目の個体である 0.74 とマッチする値を見つける。処置群における 0.74 に最も近い値は 0.74 なので，2 番目のペアは [0.74, 0.74] である。同様に，処置群の 0.62 が統制群の 0.60 とマッチし，処置群の 0.58 が統制群の 0.54 とマッチするので，残りのペア，[0.62, 0.60] と [0.58, 0.54] を

[a)] 訳注：$l(X_i)$ は処置群の個体 i の傾向スコア，$l(X_j)$ は統制群の個体 j の傾向スコアである。

見つけることができる。(処置群における) 0.62 と 0.58 の両方が (統制群における) 0.60 と同じ距離であっても，非復元でマッチングした場合には，傾向スコアが 0.60 の統制群の個体は，処置群の 1 つの個体にしかマッチングできない。0.62 の方が高い値であり，この傾向スコアをもつ個体を「貪欲に」先にマッチングさせたため，傾向スコアが 0.60 の統制群の個体は 0.58 の個体とペアを組むことができない。それゆえ，統制群の残りの傾向スコアの中から，処置群の傾向スコア 0.58 に最も近い値として 0.54 が選択される。

処置群は 4 個体しかないので，統制群の 6 個体のうち 2 個体 (傾向スコアが 0.36 と 0.34 の個体) は処置群の個体とマッチしない。マッチしないので，新たにマッチされたサンプルから除外される。理論的には，新しいサンプルは，元のサンプルよりも 2 つの群間の共変量分布のバランスが良いはずである。つまり，処置群と統制群の個体は，処置状態を除いて，似たような特性をもつことになる。

上記の例は，最近傍マッチングの基本的な考え方を示している。しかし，実際には，マッチング手法には 2 種類の方法がある。上記の例では，非復元最近傍マッチングを示したが，復元 (with replacement) マッチングも可能である。復元マッチングとは，1 つの個体を複数回マッチできることを意味する。処置群と統制群のどちらか一方の群の個体が，他方の群の個体に近い傾向スコアをもっている場合，復元マッチングでは，他の個体とペアになる個体を複数回選択することができる。上記の例で復元マッチングを行うと，統制群の傾向スコアが 0.60 の個体は，処置群の傾向スコアが 0.62 と 0.58 の個体に 2 回選択され，他のすべての値よりも 0.60 が 0.62 と 0.58 の両方に近いため，マッチングが行われる。この手法を使用して，最終的に選択されたペアは，[0.85, 0.80], [0.74, 0.74], [0.62, **0.60**], [0.58, **0.60**] であり，統制群で除外された個体は，傾向スコアが 0.34, 0.36, 0.54 の 3 個体である。

キャリパーマッチング キャリパーマッチングは，処置群の各個体 i と統制群の個体 j を，あらかじめ設定されたキャリパーバンド幅 b の範囲内でマッチングさせる。Cochran & Rubin(1973) は，バイアスの 90% を除去するために，キャリパーバンド幅 b をマッチング変数の標準偏差の 0.25 倍以下にすることを推奨している。この基準に従って，Rosenbaum & Rubin(1985) は，キャリパーバンド幅は，傾向スコアの標準偏差の 0.25 倍よりも大きくならないこと，つまり，$b = 0.25 \times \mathrm{SD}\,[p\,(X)]$ を推奨している。これは一般的に使用されているキャリパーであるが，他のバンド幅の方がデータの特定のサンプルに適していることがあるかもしれない。

前述の例にキャリパーマッチングを適用するには，まず，処置群の傾向スコア [0.85, 0.74, 0.62, 0.58] の標準偏差を計算する必要がある。その標準偏差 0.12 に対して $b = 0.12 \times 0.25 = 0.03$ としてキャリパーバンド幅を推定する。さらに，傾向スコアが 0.85 である最初の個体は，バンド幅が 0.82 から 0.88 の間 $[0.85 - 0.03, 0.85 + 0.03]$ にある。残念ながら，統制群には 0.82 と 0.88 の間の傾向スコア値がないので，この処置群の個体はマッチングサンプルから除外される。キャリパーマッチングを使用すると，処置群の最初の個体は，統制群とマッチする個体がない。キャリパーマッチングは，他のマッチング形式よりも，すべての個体でマッチされるペアを見つける可能性が制限されることがわかる。

2 番目のペアは，統制群に完全一致する値をもつ個体があるため，最近傍マッチングで選ばれたものと同じ [0.74, 0.74] である。0.59 から 0.65 まで $[0.62 - 0.03, 0.62 + 0.03]$ のキャリパーの範囲内に収まる 3 番目の個体 (0.62) について，統制群でマッチするスコアは，統制群の傾向スコアは 0.60 の個体のみである。したがって，

表 3.1 最近傍/キャリパーおよび復元/非復元マッチングの比較

元々のサンプル		最近傍マッチング				キャリパーマッチング			
		非復元		復元		非復元		復元	
処置群	統制群	処置群	統制群	処置群	統制群	処置群	統制群	処置群	統制群
0.85	0.80	0.85	0.80	0.85	0.80				
0.74	0.74	0.74	0.74	0.74	0.74	0.74	0.74	0.74	0.74
0.62	0.60	0.62	0.60	0.62	0.60	0.62	0.60	0.62	0.60
0.58	0.54	0.58	**0.54**	0.58	**0.60**			**0.58**	**0.60**
	0.36								
	0.34								

注：表中の値は，マッチングされた個体の傾向スコアである。太字の値は，使用したマッチング手法によって変化した統制群のマッチングである。

2番目にマッチしたペアは[0.62, 0.60]であり，これは最近傍マッチングで選ばれたものと同じペアである。

2番目(0.74)と3番目(0.62)の個体について，復元マッチングでは，非復元マッチングと同じペアが得られる。しかし，処置群の4番目の個体(0.58)については，マッチング手法によって最適なペアが異なる。傾向スコアが0.58の場合，キャリパーの幅は0.55から0.61の間$[0.58-0.03, 0.58+0.03]$であり，復元マッチングを使用した場合，統制群の0.60の個体が最も近いマッチングとなる。しかし，非復元マッチングを行うと，0.60はすでに0.62とペアになっており，もはや利用できない。したがって，0.58は統制群とマッチできないため，サンプルから除外される。この状況は常に起こるわけではないが，このサンプルにおいて，復元キャリパーマッチング([0.74, 0.74]，[0.62, 0.60]，[0.58, 0.60])では，非復元マッチング([0.62, 0.60], [0.74, 0.74])よりも多くのペアができる。

上記の例（表3.1）からもわかるとおり，キャリパーマッチングは，共変量のバランスをとるという観点でより良いペアが得られるが，最終的なマッチされたペアの数は大幅に減少する可能性がある。そのため，キャリパーマッチングは大規模サンプルで適している。バンド幅の選択についての広範な説明は，本書の範疇を超える。Cochran & Rubin(1973) や Bai(2011) は，このトピックをより詳細に扱った文献である。

貪欲マッチングのその他の方法　貪欲マッチングには，**半径マッチング** (radius matching)，**区間マッチング** (interval matching)，傾向スコアを用いた**マハラノビスマッチング** (Mahalanobis matching)，傾向スコアで定義されたキャリパーを用いた**マハラノビス距離マッチング** (Mahalanobis distance matching)，**遺伝的マッチング** (genetic matching) など，多くのバリエーションがある。これらは広く使われているものではないので，本書では詳しく説明しない。

半径マッチング (Dehejia & Wahba, 2002; Huber et al., 2015) は，キャリパー内のすべての統制群を利用しながら，各キャリパー内で最近傍（次に最も近い個体）を選択するキャリパーマッチングの変種である。区間マッチングでは，ブートストラップ信頼区間を用いて，処置群と統制群の傾向スコアの信頼区間が重複している個体を特定し，傾向スコア推定の誤差を調整することで，マッチングした個体を選択する (Pan & Bai, 2015b)。

傾向スコアを用いたマハラノビス距離マッチング (Cochran & Rubin, 1973; Rubin, 1976, 1979, 1980) では，共変量と傾向スコアから計算されるマハラノビス距離 (Cochran & Rubin, 1973; Rubin, 1976, 1979, 1980) を用いて，処置群と統制群の個体をマッチさせる (Rosenbaum & Rubin, 1985)。キャリパーを用いたマハラノビス距離マッチング (Guo et al., 2006; Rosenbaum & Rubin, 1985) では，傾向スコアで定義されたキャリパー内のマハラノビス距離をもつ処置群と統制群の個体を（ランダムな順番で）マッチさせる。遺伝的マッチングでは，処置群と統制群の間の共変量の多変量重み付け距離を最小化するために，遺伝的探索アルゴリズムを使用する (Diamond & Sekhon, 2013)。

3.1.3 複雑マッチング

最適マッチング 最適マッチングは貪欲マッチングとは異なり，マッチされたサンプルのすべての個体の傾向スコア間の大域的な距離を最小化する。

処置群の傾向スコアが 0.46，0.29，0.23，0.20 で，統制群の傾向スコアが 0.44，0.42，0.38，0.38，0.27 のサンプルがあるとする。最近傍マッチングを使用すると，マッチされたペアは [0.46, 0.44], [0.29, 0.27], [0.23, 0.38], [0.20, 0.38] となる。このように，最近傍マッチングは貪欲なので，最終的にマッチされたデータの全体的なマッチの質は考慮せずに，個体にマッチさせるために利用可能な最良の個体を選択する。しかし，最適マッチングでは，マッチされる可能性のあるすべてのペアを考慮し，群間の傾向スコアの全体的な差が最小になるようなマッチングの集合を選択する。

したがって，上記のデータサンプルでは，最適マッチングの結果，[0.46, 0.44], [0.29, 0.38], [0.23, 0.38], [0.20, 0.27] のペアが得られる。最終的な大域的な距離は $|0.46 - 0.44| + |0.29 - 0.38| + |0.23 - 0.38| + |0.20 - 0.27| = 0.33$ であり，これは最近傍マッチングからの大域的な距離 $|0.46 - 0.44| + |0.29 - 0.27| + |0.23 - 0.38| + |0.20 - 0.38| = 0.37$ よりも 0.04 小さくなる。一般的に，最適マッチングは最近傍マッチングよりも良好なマッチングを提供する。しかし，サンプルサイズが大きい場合や，処置群と統制群の間に十分な共通サポートがある場合には，最適マッチングと最近傍マッチングの結果は似たようなものになる (Bai, 2015)。

フルマッチング フルマッチングでは，マッチしたサンプル全体の傾向スコア間の差が最小になるようなサブクラスを形成するようにサンプルを選択する。これらのサブクラスは，統制群の1つ以上の個体を見つけて，処置群の1つ以上の個体とマッチさせることで作成される。すべてのマッチしたサブクラスに同じ数の個体が含まれている必要はない。つまり，同じマッチング手法の中で，処置群の1つの個体と統制群の1つ以上の個体をマッチさせることができる。

上記の例を用いて，処置群の3つの個体 (0.20, 0.23, 0.29) は，統制群の1つの個体 (0.27) に最も近い傾向スコアを持ち，統制群の4つの個体 (0.38, 0.38, 0.42, 0.44) は，処置群の1つの個体 (0.46) に最も近い傾向スコアをもっていることがわかる。したがって，処置群の1個体と統制群の1個体をペアにする代わりに，サンプルサイズが異なるサブクラスをつくる。フルマッチングを用いてマッチされたサブクラスは，[0.20, 0.23, 0.29, **0.27**] および [0.46, **0.44, 0.42, 0.38, 0.38**] である。

フルマッチングでは，常に復元マッチングが可能で，すべての個体が使用される。しかし，マッチングの前に処置群と統制群の両方からいくつかの極端な個体を除外して共通サポートが設定される。フルマッチングの目的は，各サブクラス内の処置群の各個体と統制群の各個体間の推定距離の加重平均を最小化することであるため，2つの異なるサブクラスを作成することを目的としていない (Ho et al., 2011)。したがって，処置効果を推定するための分析モデルは，この方法を使用してマッチされた個体から観測値を重み付けする必要がある。表3.2は，マッチング相手として選択される統制群の個体の観点から，最適マッチングとフルマッチングが，最近傍マッチングとどのように比較されるかを示している。

表 3.2　最近傍マッチング，最適マッチング，フルマッチングの比較

マッチングなし		最近傍マッチング		最適マッチング		フルマッチング	
処置群	統制群	処置群	統制群	処置群	統制群	処置群	統制群
0.46	0.44	0.46	0.44	0.46	0.44	0.46	**0.44**
0.29	0.42	0.29	**0.27**	0.29	**0.38**		**0.42**
0.23	0.38	0.23	0.38	0.23	0.38		**0.38**
0.20	0.38	0.20	**0.38**	0.20	**0.27**		**0.38**
	0.27					0.29	**0.27**
						0.23	
						0.20	

注：表中の値は，マッチングされた個体の傾向スコアである。太字の値は，使用したマッチング手法によって変化した統制群のマッチングである。

その他の複雑マッチング　傾向スコアマッチング法の類型（図 3.1）で挙げたように，これまで説明した方法ほど頻繁には使用されていない手法が他にもある。ここでは詳しく説明しないが，これらの方法およびさらなる情報を紹介する。カーネルマッチングは，統制群の全個体の加重平均を処置群の各個体のマッチングとして使用する (Caliendo & Kopeinig, 2008)。差の差 (DID) マッチングは，処置前から処置後までの共変量バイアスの変化に基づいてマッチングする (Heckman et al., 1998)。

3.1.4　マッチングのバリエーション

マッチングの復元/非復元　本節で説明したように，復元マッチングは，処置群または統制群の各個体が複数回マッチされることがある。非復元マッチングでは，各個体が他の個体と一度だけしかマッチされない。残念ながら，傾向スコアマッチングが復元で行われるべきか，非復元で行われるべきかは，どちらの方法にも長所と短所があるため，優劣ははっきりしない。

通常，復元マッチングと非復元マッチングではマッチされるペアが大きく異なる。したがって，この違いは処置効果の推定精度に影響を与える。復元マッチングは，通常，非復元マッチングよりも優れたマッチを生成し，より多くのバイアスを減少させる。復元マッチングでは，マッチングのための利用できる個体に制限がないので，統制群のある個体が処置群のいくつかの個体と非常に類似している場合，それらの処置群の個体のすべてをその統制群の個体にマッチングすることができる。最も近い傾向スコアをもつ個体同士をマッチさせることで，マッチされた処置/統制群の個体間の大域的な距離を最小化することができる (Dehejia & Wahba, 2002)。非復元マッチングでは，良くないマッチになる可能性が高くなる。特に，処置群と似たような傾向スコアをもつ統制群の個体が限られた数しかない場合はそうである。同じ統制群の個体を再利用しないと，処置群の個体とは傾向スコアが大きく異なる統制群の個体がマッチされてしまうことがある。

復元マッチングを使用する際の欠点は，反事実的条件による平均を推定するために明確に統制群の個体数を減らしてしまうことであり，これが推定量の分散を増加させることである (Smith & Todd, 2005)。さらに，復元マッチングは，同じ処置群の個体と統制群の個体を含むマッチングセット間の独立性を弱めるが，この点は分散を推定する際に考慮しなければならない (Austin, 2011)。これらの問題の多くは，多くの個体が複数回使用されることを防ぐために大きなサンプルサイズの統制群を使用することで回避できる。しかし，統制群のサンプルサイズが小さい場合は，復元マッチングがより適切な場合もある。

復元マッチングを行うか，非復元マッチングを行うかの選択は，傾向スコアマッチング手法の種類（例えば，最近傍，キャリパー，最適）や処置群と統制群の間の傾向スコア分布の共通サポート

(Caliendo & Kopeinig, 2008) といったデータの状態にも影響を受ける。良好な共通サポートがある場合は，非復元マッチングの問題が少ないかもしれないが，そうでない場合は，復元マッチングの方が良い選択かもしれない (Dehejia & Wahba, 2002)。

比率マッチング 比率マッチング (ratio matching) は，各処置群の個体に複数の統制群の個体を割当てる方法である。これはフルマッチングに似ていて，各サブセットが様々な数の処置群の個体と統制群の個体をもつことができる（例えば，フルマッチングでは，2つの処置群の個体を3つの統制群の個体とマッチさせたり，3つの処置群の個体を1つの統制群の個体とマッチさせたりすることができる)。しかし，比率マッチングは，様々な数の統制群の個体に1つの処置群の個体のみをマッチングさせる（例えば，3つの統制群の個体にマッチされた1つの処置群の個体，または2つの処置群の個体にマッチされた1つの処置群の個体)。もちろん，複数の処置群の個体を1つの統制群の個体にマッチさせる比率マッチングも可能である。これは，統制群の個体よりも処置群の個体の方が比例的に多い場合に使用される。一方の群の各個体ともう一方の群の各個体とをマッチングさせる最大数を指定することができるが，結果として得られるマッチングは常に一貫した比率をもつとは限らない。例えば，1対3のマッチング手法を使用した場合，（マッチの距離に応じて）各処置群の個体は1〜3人の統制群の個体にマッチされる。比率マッチングにおいて，ある群の個体と別の群の各個体とがマッチする数は，サンプルサイズの比率に依存する。

サンプルサイズ比 統制群のサンプルサイズが処置群のサンプルサイズよりもかなり大きい（例えば3倍の大きさ）場合，処置群と統制群の個体間で十分なマッチを見つけることは容易である (Rubin, 1979)。しかし，統制群のサンプルサイズが小さい場合でも，復元キャリパーマッチングのようないくつかの傾向スコアマッチング法で良好な結果を得ることができる (Dehejia & Wahba, 2002)。共通サポートが大きい場合，統制群で利用可能な個体が多ければ多いほど，処置群の個体と一致する可能性が高くなる。しかし，処置群と統制群の間にすでに良好な共通サポートがある場合には，サンプルサイズ比を変化させる必要はない (Bai, 2015)。

3.1.5 共通サポート

処置群と統制群の間の十分な共通サポートは，傾向スコアマッチング法を使用するための主要な仮定の1つである。1.3節で述べたように，共通サポートとは，処置群と統制群の傾向スコア分布の範囲の重なりである。両群の傾向スコアの分布に十分な重複（良好な共通サポート）がある場合は，ほとんどのマッチングアルゴリズムが同様の結果をもたらし，復元マッチングと非復元マッチングはどちらも適している。十分な共通サポートの仮定を満たさない場合，バイアスを十分に低減させることを妨げるだけでなく，外的妥当性にも影響を及ぼす可能性がある (Caliendo & Kopeinig, 2008; Heckman et al., 1997)。もし処置群と統制群が同じような傾向スコアの分布を得られない場合は，両群が同じ特徴をもっていないことになる。共通サポートが乏しい個体をマッチさせようとすると，ほとんどのマッチング手法ではマッチングが悪くなり，選択バイアスを減らすことはできない。キャリパーマッチングを使用すると，より良いマッチングが得られるかもしれないが，分析のためにサンプルのかなりの部分が除外される可能性が高くなる。分析に含まれる傾向スコアが0.5に近い（例えば，0.35から0.65の間の）個体のみである場合，処置を受ける可能性が非常に高い，または処置を受けそうにない個体に対する処置効果の推定を一般化できないかもしれない。

残念ながら，これまでの研究では，どの程度の共通サポートが傾向スコアマッチングに十分であるかについての標準的な基準が示されていない。ただし，群の傾向スコアの平均値は標準偏差の 0.5 倍以下でなければならないという Rubin(2001) の提案に従ってもよい。この平均値の差はある程度の基準にはなるが，実際には共通サポートの範囲や，群間での傾向スコアの重なりの程度を測定するものではない。また，1.3.3 項の最小・最大比較アプローチを用いて，処置群では統制群の最大スコアよりも大きいスコアをもつ個体を除外することで処置群の個体をトリミングし，統制群では処置群の最小スコアよりも小さいスコアをもつ個体を除外することで統制群の個体をトリミングすることも可能である (Caliendo & Kopeinig, 2008)。この方法は共通サポートを正確に測定しているが，どの程度の共通サポートが傾向スコアマッチングに十分であるかの基準は含んでいない。広く受け入れられている基準がない現状ではあるが，本書では各群の傾向スコアの 75% が重複することを推奨する (Bai, 2015)。

3.2　その他の傾向スコア調整法

3.2.1　層別化

層別化はブロック化としても知られており，グループ化に基づくマッチングの一種である。前述のマッチング法と同様に，処置個体を類似の傾向スコアをもつ統制個体にマッチさせることで，共変量のバランスをとろうとする。しかし，1 つの処置個体を 1 つ以上の統制個体にマッチさせるのではなく，マッチングは傾向スコアの区間に基づいて行われる。傾向スコアが推定されたら，傾向スコアの分布全体をいくつかの層に分割し，各層には処置群と統制群の個体が含まれるようにする。

層の定義　層を作成するための2つの一般的なアプローチは，次の2つである。

(a) 傾向スコアの範囲に基づいて等区間を作成
(b) 個体の割合に基づいて等区間を作成

方法(a)では，各層は層の数に応じて設定される傾向スコアの区間で定義されるため，傾向スコアの区間幅は層間で一致する。方法(b)では，傾向スコアの分布の等しいパーセンタイルに基づいて区間を作成する。傾向スコアの値に基づいて全ての個体を順位付けし，等しいサンプルサイズまたはパーセンタイルに基づいて各層に分ける。

例えば，20人の個体がいて，その傾向スコアの値が0.07から0.89の範囲で，表3.3に示すような分布をもっているとする。

この分布を傾向スコアの範囲に基づいて4つの層に分割すると，区間の幅または範囲は0.25となり，各個体はそれぞれの傾向スコアに応じて層に割当てられることになる。4つの層を傾向スコアのパーセンタイルで定義した場合，各層にはサンプルの25%にあたる5人の個体が含まれ，個体はその順位に基づいて層に割り振られる。いずれの方法でも，処置群の個体は，同じ層の統制群の個体とマッチされる。しかし，カットポイント（層の境界）の定義の仕方によっては，個体ごとに

表 3.3　傾向スコアの分布

傾向スコア	処置状態
0.07	統制群
0.15	統制群
0.19	処置群
0.22	統制群
0.26	統制群
0.28	処置群
0.31	統制群
0.36	統制群
0.36	処置群
0.40	統制群
0.41	処置群
0.45	統制群
0.48	処置群
0.51	統制群
0.54	処置群
0.62	統制群
0.65	処置群
0.72	処置群
0.77	処置群
0.89	処置群

表 3.4　傾向スコアの範囲とパーセンタイルに基づく 4 層への層別化

	範囲			パーセンタイル		
層	区間	処置群	統制群	区間	処置群	統制群
1	0.00–0.25	0.19	0.07	0%–25%	0.19	0.07
			0.15			0.15
			0.22			0.22
						0.26
2	0.26–0.50	0.28	**0.26**	26%–50%	0.28	0.31
		0.36	0.31		0.36	0.36
		0.41	0.36			0.40
		0.48	0.40			
			0.45			
3	0.51–0.75	0.54	0.51	51%–75%	**0.41**	**0.45**
		0.65	**0.62**		**0.48**	0.51
		0.72			0.54	
4	0.76–1.00	0.77		76%–100%	**0.65**	**0.62**
		0.89			**0.72**	
					0.77	
					0.89	

注：表中の値は，各層に分けられた各個体の傾向スコアである。層別化に使用された基準によって異なる層に割当てられた個体を太字で示している。

非常に異なるマッチが見られるかもしれない。表 3.4 は，それぞれの層別化アプローチがどのように適用されるかを示している。

まず，範囲に基づいてある層に割当てられていた個体の多くが，パーセンタイルを使用した層別化では同じ層に割当てられていないことがわかる。これはまた，層を定義する方法によってマッチされる個体が異なることを意味する。上の例では，傾向スコアが 0.41 と 0.48 の処置群の個体は，範囲に基づく層別化では，傾向スコアが 0.26，0.31，0.36，0.40，0.45 の統制群の個体とマッチされている。しかし，パーセンタイルに基づく層別化では，傾向スコアが0.45と0.51の統制群の個体とマッチされる。次に，どちらの方法でも，各層の両群からの個体が同数ではない（例えば，第1層では，処置群の個体は1人に対し，統制群の個体が範囲で定義された層では3人，パーセンタイルで定義された層では4人である）。これは，処置群の個体が処置群に選択される確率が高く（つまり，より高い傾向スコアをもつ），統制群の個体が処置群に選択される確率が低い（つまり，より低い傾向スコアをもつ）ことが反映されていると考えれば，おかしなことではない。

層別化の潜在的な問題の1つは，一部の個体がマッチされず，処置効果を推定する際にサンプルから除外されてしまうことである。これは，他のマッチング方法でもよくある問題だが，層別化ではカットポイントまたは層の数を変更することで，除外される個体を減らすことができる (Luellen et al., 2005)。前者は，表3.4の例に示されている。層が範囲で定義されている場合，傾向スコアが0.77と0.89の処置群の個体はマッチされない。しかし，層がパーセンタイルで定義されている場合は，すべての個体がマッチされる。どちらの方法を使用しても，層で共通サポートを見つけることができないかもしれないが，この例では，カットポイントを変更することで，より多くの個体を分析に残すことができた。

層の数を変える 上の例では，分布を4層に分けた。しかしながら，4層よりも少ない層を使用することも，4層よりも多い層を使用することも可能である。層の数を減らすと，すべての個体がマッチされる可能性が高くなる。例えば，2層のみを使用した場合，処置群のすべての個体が統制群の個体とマッチされる層に含まれることになる（表3.5参照）。残念ながら，これではまた，マッチングの精度を低下させ，傾向スコアのバランスをとる効率性を低下さ

表 3.5　傾向スコア範囲に基づいて 2 層および 6 層に層別化

2 層			
層	区間	処置群	統制群
1	0.00–0.50	0.19	0.07
		0.28	0.15
		0.36	0.22
		0.41	0.26
		0.48	0.31
			0.36
			0.40
			0.45
2	0.51–1.00	0.54	0.51
		0.65	0.62
		0.72	
		0.77	
		0.89	

6 層			
層	区間	処置群	統制群
1	0.00–0.16		0.07
			0.15
2	0.17–0.33	0.19	0.22
		0.28	0.26
			0.31
3	0.34–0.50	0.36	0.36
		0.41	0.40
		0.48	0.45
4	0.51–0.67	0.54	0.51
		0.65	0.62
5	0.68–0.84	0.72	
		0.77	
6	0.85–1.00	0.89	

注：表中の値は，各層に分けられた各個体の傾向スコアである。

せる。区間幅を広げることで，傾向スコアが 0.6 と 0.9 の人を区別できなくなってしまう。したがって，このような層別化は，傾向スコア法を使う目的に反している可能性がある。層の数を増やすことで，マッチしたグループの類似性が向上し，グループが傾向スコア（ひいては，共変量）についてバランスがとれている可能性が高まる。層数が増えると，3.1 節で議論したマッチング手法（特にフルマッチングなど）に近づいてくる。層を増やすことでマッチングは改善されるかもしないが，分析からより多くの個体を落とす必要があるかもしれない。表 3.4，表 3.5 では，傾向スコア範囲に基づいてサンプルを 4 層に分割した場合のグループ間の傾向スコアマッチの近接度は0.22以下，2層に分割した場合の近接度は0.41以下であるのに対し，6層に分割した場合の近接度は0.14以下であることを示している。しかし，第1層の統制群の個体と第5層および第6層の処置群の個体は共通サポートを持たないため，これらは除外される必要がある。

Cochran(1968)は，パーセンタイルに基づいて5層に分割することによって，選択バイアスの90%を説明できると提示した。しかし，パーセンタイルに基づく層別化は，5層以上の場合，最適ではないことがある。Cochran(1968)は，層数を増やすとバイアスをより減らせる傾向があること，そして層のサンプルサイズが異なる場合でもバイアスの減少が改善される可能性を指摘した。より良い方法は，中間層の個体の割合を多くし（例えば，第3層では30%），最低層と最高層の個体を少なくする（例えば，第1層と第5層では10%）ことであった。

残念ながら，すべてのデータサンプルに一般化できる正しい，あるいは最良の方法はない。層別化のために区間を作成する際の最良の方法は，多くの場合，傾向スコアの分布と分析手法に依存する。傾向スコアの分布が非常に似ている場合（すなわち，共通サポートや分布間の重なりが多い場合），層を作成するための2つの方法にはほとんど違いはない。しかし，分布に共通サポートがほとんどない場合，つまり各群の傾向スコアの分布の平均差が大きいか，傾向スコアの分布が歪んでいる場合は，層を作成する方法がより影響を与える可能性がある。このような場合には，多くの層をつくり，分布の端の層を落とすのが最善かもしれない。この方法は，傾向スコアでのマッチングの結果に似ている。マッチングを正確にしようとすると，いくつかの個体を削除することになる。より多くの個体を残すために，傾向スコアが最も高い層と最も低い層の区間幅を広げることができる（すなわち，第1層は分布の下位30%であり，第

5層は上位30%であるが，第3層は中間の10%であり，第2層と第4層はそれぞれ分布の15%を含む)。傾向スコア分布が不等分散(例えば，一方が正規分布で他方が歪んだ分布）をもつ場合，パーセンタイルに基づいて層を作成することは，傾向スコアの範囲に基づいて層を作成するよりも，層間でよりバランスのとれた層をつくることができる。

層別化の最大の問題は，分析により多くの個体を含めるために層の区間幅を大きくすることと，より正確なマッチを得るために区間幅を小さくすることとの間のトレードオフである。層別化が前節のマッチング手法よりも優れている点は，グループでマッチングすることで，マッチされた各グループにより多くの個体を含めることができるということである。これにより，個体が分析から除外される可能性が低くなるが，マッチの精度も低下する。そうなると，前節で説明した傾向スコアマッチング手法では，個体がお互いにさほど似ていないため，研究の内的妥当性を弱めてしまう。マッチングは層数を増やすことで改善することができるが，これはまた，(表3.5の第5層と第6層に示されているように）一方の群のいくつかの個体が他方の群の比較可能な個体とマッチしない可能性を高めてしまう。共通サポートが欠けている場合，マッチしない個体は分析から除外され，外的妥当性が弱くなる。

3.2.2 重み付け

重み付けは，アウトカム変数の観測値に傾向スコアに基づく重みを掛けることによって，処置群と統制群のバランスをとる。いくつかの傾向スコア重み付け推定量があるが (Harder et al., 2010; Hirano & Imbens, 2001; McCaffrey et al., 2004; Schafer & Kang, 2008; Stone & Tang, 2013)，これらの手法のほとんどは，傾向スコアの逆数で観測値の重み付けを行う。最も一般的な傾向スコア重

み付け手法は，

(a) 平均処置効果 (ATE) を推定するために，**逆確率重み付け** (inverse probability of treatment weighted, IPTW) 推定量を使用する

(b) **処置群における平均処置効果** (average treatment effect for the treated, ATT) を推定するためにオッズによる重み付けを行う

これらの手法の主な違いは，ATE がすべての個体の観測値を調整するのに対し，ATT は統制群の観測値のみを重み付けすることである。

ATE を推定する一般的な方法は，処置群の観測値を傾向スコアの逆数（式 (3.1) 参照）で重み付けし，統制群の観測値を 1 から傾向スコアを引いた値の逆数（式 (3.2) 参照）で重み付けすることである。つまり，処置群における各個体に対するアウトカム変数の重み付け観測値を y_{wti}，その個体の観測値を y_{ti}，傾向スコアを e_{xi} とすると，処置群の重み付け観測値は

$$y_{wti} = \frac{y_{ti}}{e_{xi}} \tag{3.1}$$

となる。統制群における各個体に対するアウトカム変数の重み付け観測値を y_{wci}，その個体の観測値を y_{ci} とすると，統制群の重み付け観測値は

$$y_{wci} = \frac{y_{ci}}{1 - e_{xi}} \tag{3.2}$$

となる。重み付け観測値をすべて合計し，サンプルサイズ N で割り，各群の平均を求める。これらの平均の間の差が ATE である。

$$\text{ATE} = \frac{\sum_{i=1}^{n_t} y_{wti}}{n_T + n_C} - \frac{\sum_{i=1}^{n_c} y_{wci}}{n_T + n_C} \tag{3.3}$$

ここで，n_T は処置群のサンプルサイズ，n_C は統制群のサンプルサイズであり，$N = n_T + n_C$ となる。

ATT は，処置群の観測値を 1 で重み付けする（つまり全く重み付けしない）ことで推定することができ，統制群の観測値は，傾向スコアと 1 から傾向スコアを引いた値の逆数で重み付けされる。

$$y_{wci} = \frac{y_{ci} e_{xi}}{1 - e_{xi}} \tag{3.4}$$

ATE とは異なり，重み付け観測値を合計し，それぞれのサンプルサイズ n_T および n_C で割り，各群の平均を求める。これらの平均の差が，処置群における平均処置効果 (ATT) である。

$$\text{ATT} = \frac{\sum_{i=1}^{n_t} y_{ti}}{n_T} - \frac{\sum_{i=1}^{n_c} y_{wci}}{n_C} \tag{3.5}$$

表 3.6 は，各手法がどのように適用され，これらの異なる重み付け統計量の結果が処置効果にどのように影響するかを示している。観測値が重み付けされていない場合，2 群間の平均差は 0.168 (0.684 − 0.516) である。ATE 重み付けを使用すると，平均差は 0.235 (0.683 − 0.448) に増加し，ATT 重み付けでは 0.304 (0.684 − 0.380) となる。

3.2.3 共変量調整

共変量調整では，共分散分析 (ANCOVA) または重回帰分析 (Austin & Mamdani, 2006; Rosenbaum & Rubin, 1983) において共変量として傾向スコアを使用する。より単純なモデルでは，個々の予測変数として共変量の代わりに，傾向スコアが使用される。あるいは，二重に頑健なモデルでは，傾向スコアに加えて個々の予測変数を含める (Kang & Schafer, 2007)。したがって，共変量調整は，アウトカム変数および処置変数の両方と傾向スコアとの間で決定係数を考慮することでバイアスを除去する。傾向スコアのモデリ

表 3.6 ATE 重み付けと ATT 重み付けの結果の比較

傾向スコア		非重み付け観測値		ATE 重み付け観測値		ATT 重み付け観測値	
処置群	統制群	処置群	統制群	処置群	統制群	処置群	統制群
0.2	0.1	0.36	0.39	1.80	0.43	0.36	0.04
0.3	0.2	0.53	0.28	1.77	0.35	0.53	0.07
0.4	0.2	0.44	0.42	1.10	0.53	0.44	0.11
0.4	0.3	0.67	0.33	1.68	0.47	0.67	0.14
0.5	0.3	0.62	0.47	1.24	0.67	0.62	0.20
0.5	0.4	0.82	0.55	1.64	0.92	0.82	0.37
0.7	0.4	0.76	0.64	1.09	1.07	0.76	0.43
0.7	0.5	0.91	0.58	1.30	1.16	0.91	0.58
0.8	0.5	0.85	0.78	1.06	1.56	0.85	0.78
0.9	0.6	0.88	0.72	0.98	1.80	0.88	1.08
平均		0.684	0.516	0.683	0.448	0.684	0.380

注：非重み付け観測値および ATT 重み付け観測値の平均は，各群のサンプルサイズ ($n = 10$) で割られ，ATE 重み付け観測値の平均は，すべてのサンプルサイズ ($N = 20$) で割られる。

ングに使用された共変量は，処置状態とアウトカム変数の両方に関連しているので，調整された処置効果は，すべての共変量からのバイアスを考慮するものとなっている。さらに，傾向スコアは処置変数に対する相対的な重要度に基づいてモデリングされているので，傾向スコアは処置状態に基づく共変量とアウトカム変数との間の異なる関係を考慮することになる。従来の共変量調整では，個々の共変量はアウトカム変数と処置状態の間の決定係数を考慮するが，処置状態が共変量とアウトカム変数との相関関係をどのように抑えるかは考慮しないかもしれない。したがって，従来の共変量分析は，処置群と統制群の間の共変量について効果的にバランスをとることができないかもしれない (Schafer & Kang, 2008)。

共変量調整がバイアスを除去するための効果的な方法になりうることを見つけた研究者がいる (Clark, 2015; Hade & Lu, 2013; Kang & Schafer, 2007) が，特定の条件下ではこれらの結果が有効ではない可能性があることを発見している研究者もいる。そのため，共変量とアウトカム変数間の線形性や均一分散など，回帰分析や ANCOVA を使用する際には，統計的な仮定を考慮することが重要である。これらの仮定が従来の共変量調整において重要であるのと同様に，傾向スコアを用いた共変量調整を用いる場合にも妥当性に影響を与える。例えば，共変量間の群内分散が等しくない場合，この方法ではバイアスが効果的に減少しないことがある (D'Agostino, 1998; Rubin, 2001)。また，傾向スコアモデルで使用される共変量の関数が線形でない場合には，この方法はあまり効果的ではないことがある (Hade & Lu, 2013)。Rosenbaum(2010) はまた，傾向スコアがアウトカム変数に線形に関連していない場合には，この方法は避けるべきであると記している。しかし，調整モデルの共変量として非線形な傾向スコアを含めることで，この問題を回避することができる (Shadish et al., 2008)。

3.3 まとめ

研究者は通常，マッチング，層別化，重み付け，傾向スコアを用いた共変量調整の 4 つの傾向スコア調整法のうちの 1 つを採用する。これらの方法を正しく使用すれば，選択バイアスを大幅に減らすことができる。これらのうち，マッチングは社会科学者や行動科学者の間で最も一般的に使用されている方法である。マッチングにより，処置群と統制群の間で最良な比較が可能になることが多く，その結果，強い内的妥当性をもつ処置効果の推定値が得られる。マッチングは元のデータサンプルから個体を除外する傾向があるが，サンプルサイズが大きく，統制群の個体の割合が多いデータセットを使用することで，マッチングの結果を改善することができる。層別化はマッチングと似ているが，個体の属するグループ内でマッチングを行うことで，分析からその個体が除外される可能性が低くなる。この場合の欠点は，マッチングの精度が下がり，共通サポートやバンド幅に一定の制約があるマッチング手法ほどバイアスを低減できない場合があることである。傾向スコアによる重み付けは，マルチレベルデータや，潜在変数や複数の処置条件をもつ複雑なデータなど，多くのデータ条件に適用することができる。残念ながら，傾向スコアが歪んでいたり，外れ値が含まれている場合には，重み付けはマッチングと同様に選択バイアスを低減させないことがある。傾向スコアを用いた共変量調整は最も簡単な方法であるが，傾向スコアと共変量の特定の条件に敏感に反応する。

3.4 具体例

R などの統計パッケージを用いた傾向スコア法の実装方法の詳細は本書のウェブサイト study.sagepub.com/researchmethods/qass/bai&clark に記載されているが，本節ではそれらを用いてどのような結果が得られるかを紹介する。ここでは，第2章で使用した傾向スコア法を適用した後の結果を説明するために，同じ処置状態，アウトカム変数，16個の共変量を使用する（表2.2参照）。

第2章の例では，傾向スコアを推定する方法を説明した。しかし，多くの統計パッケージは，傾向スコア推定と同時にマッチング処理を実行する。つまり，2つの手順を分析者自らが同時に実行する必要はない。このような場合，アウトカム変数として処置（またはグループ）変数（Playworks データの s_treatment など）を指定し，予測変数として共変量を指定したら，好みのマッチング手法（復元マッチング，比率マッチング，キャリパーバンド幅など）を指定するために選択を行う。以下の2つの例では，

(a) 非復元・最近傍・ペアマッチング（1 対 1，つまり統制群の 1 つの個体が処置群の 1 つの個体にマッチされる）
(b) 非復元・最適・比率マッチング（1 対 2，つまり処置群の 1 つの個体が統制群の 2 つの個体にマッチされる）

を使用して，統計パッケージの R でマッチしたサンプルを作成する。使用する統計パッケージによって若干異なるかもしれないが，主要な結果は，パッケージ間で似たようなものになるであろう。

表 3.7 は，最近傍マッチング後のマッチされたデータセットの個体の一部を示している。表 3.7 からわかるように，統制群の傾向スコアが 0.026 の学生（学生番号 452513）は，処置群の傾向スコアが 0.026 の学生 678874 とマッチされた。このマッチされたペアは，彼らの傾向スコアの類似性によって決定され，両方とも傾向スコアの値が 0.026 である。完全に一致する必要はないが，表からわかるように，別のペア（学生 553973 と学生 288417）も全く同じ傾向スコア 0.187 でマッチされているが，他の 3 つのペアの傾向スコアは全く同じではない。マッチングは，処置群の個体と最も類似している統制群の個体のみを選択するので，統制群の個体の多くはマッチされず，ペアとなったサンプルには含まれない。

表 3.8 は，最近傍マッチングの前後での各群のサンプルサイズを示している。マッチングの際にキャリパーを用いなかったので，処置群の個体はマッチされたサンプルから除外されなかった。したがって，全データセット ($n = 147$) のサンプルサイズは，マッチされたサンプル ($n = 147$) と同じサイズである。1 対 1 マッチングを用いたので，統制群の元のサンプル ($n = 844$) から 147 個体を選択し，処置群の個体とマッチさせた。そのため，統制群のうち 697 個体はマッチされていないまま残されており，Playworks が学生の休み時間の安心感 (`S_CLIMATE_SCHOOLSAFETY`) に与える影響を

表 3.7 最近傍マッチング後のマッチされた個体のサンプル（s_treatment = 1 が処置群，0 が統制群）

1	student_id	678874	452513	380973	630850	553973	288417	901970	208174	428871	683489
2	**s_treatment**	**1**	**0**	**1**	**0**	**1**	**0**	**1**	**0**	**1**	**0**
3	S_CLIMATE_RECESSSAFETY	4.00	2.75	1.50	1.75	2.25	3.00	3.25	1.25	3.00	3.50
4	s_gender	1	1	1	1	1	0	1	0	0	0
5	s_grade	4	5	4	4	4	5	4	4	4	5
6	S_CLIMATE_COMMUNITY	1.54	1.23	2.92	2.77	2.92	3.00	3.31	3.23	3.15	3.08
7	S_CLIMATE_SCOOLSAFETY	2.50	1.50	1.75	2.25	1.50	2.50	2.25	1.50	1.75	3.25
8	S_CONFLICTRES_AGGRESSIVE	1.00	1.67	1.00	1.83	1.33	1.17	1.17	1.00	1.50	1.00
9	S_CONFLICTRES_RELATIONSHIPS	4.00	3.00	4.00	3.33	4.00	3.33	3.33	2.67	−9.00	−9.00
10	S_CONFLICTRES_AGGBELIEF	1.00	1.13	1.00	2.38	1.00	1.00	1.00	2.50	1.00	2.50
11	S_LEARNING_RECESSEFFECT	3.33	2.67	2.67	2.00	2.67	2.33	2.00	2.67	2.00	2.67
12	S_LEARNING_SPORTSEFFECT	3.00	4.00	2.00	2.33	2.00	3.67	3.67	2.67	4.00	2.33
13	S_LEARNING_ENGAGEMENT	2.80	3.30	3.40	3.00	4.00	2.80	3.10	2.60	3.00	2.60
14	S_RECESS_ORGANIZED	2.00	2.67	1.00	2.17	2.00	2.17	2.17	2.00	1.67	1.33
15	S_RECESS_ENJOYMENT	4.00	3.71	3.71	3.71	3.43	4.00	3.86	3.29	3.86	3.71
16	S_YOUTHDEV_INTERACTIONS	4.00	2.17	3.50	3.67	3.17	3.00	3.67	3.83	4.00	2.83
17	S_YOUTHDEV_PEERCONFLICT	1.00	1.25	1.88	2.50	2.38	1.63	2.50	3.43	1.00	1.75
18	S_YOUTHDEV_PEERNONCONFLICT	1.00	1.00	1.00	1.75	2.50	1.25	2.25	3.25	1.00	2.75
19	S_PHYSICAL_SELFCONCEPT	1.91	1.91	1.73	1.73	1.91	2.00	1.27	1.73	1.91	2.00
20	傾向スコア	0.026	0.026	0.111	0.114	0.187	0.187	0.328	0.329	0.762	0.768

表 3.8　最近傍・ペアマッチング前後のサンプルサイズ

	統制群	処置群
全サンプルサイズ	844	147
マッチされたサンプルサイズ	147	147
マッチされなかったサンプルサイズ	697	0

推定する際には使用されない。

表 3.9 は，最適マッチング後のマッチされたデータセットの個体の一部を示している。（ペアマッチングではなく）比率マッチングを使用したため，どの処置群の個体と統制群の個体がマッチされているかがわかるように，表ではマッチングした個体をサブクラスにグループ化している（行 21：サブクラス）。この例では，1 対 2 の比率マッチングは，各サブクラスに 3 つの個体を与える。表 3.9 にあるように，最初の 3 つの個体はすべて第 1 サブクラスに属しており，最初にマッチされたセットを構成していることがわかる。統制群の学生 818171 と 900043 は，それぞれ傾向スコアが 0.280 と 0.279 であり，処置群の学生 14973 は傾向スコアが 0.279 である。前の例のように，これらの個体はそれぞれの傾向スコアの近さに基づいてマッチされているので，各サブクラス内の傾向スコアは非常に似ている。

表 3.10 は，最適マッチングの前後での各グループのサンプルサイズを示している。1 対 2 の比率マッチングを用いたため，マッチングされたデータセットの統制群 ($n = 294$) のサンプルサイズは，処置群 ($n = 147$) のサンプルサイズの 2 倍になった。したがって，統制群の元のサンプル ($n = 844$) のうち，550 の個体がマッチされないまま残されており，処置効果の推定には使用されない。

この特定のデータセットは，ペアマッチングと比率マッチングの両方に適していたが，統制群のサンプルサイズが小さい場合は，比

表 3.9 最適マッチング後のマッチされた個体のサンプル（s_treatment = 1 が処置群，0 が統制群）

1	student_id	14973	818171	900043	145853	172976	308131	690973	757614	844453	705970	825610	876274
2	s_treatment	1	0	0	0	1	0	1	0	0	1	0	0
3	S_CLIMATE_RECESSSAFETY	3.00	3.00	3.00	3.00	2.75	1.25	3.50	2.00	3.50	2.50	2.25	2.25
4	s_gender	1	0	1	1	0	0	1	0	0	0	1	0
5	s_grade	5	4	5	5	4	4	4	5	4	5	5	5
6	S_CLIMATE_COMMUNITY	3.31	3.38	2.77	2.31	2.92	3.00	2.69	2.38	2.85	2.23	2.31	2.62
7	S_CLIMATE_SCOOLSAFETY	2.00	3.25	1.50	2.00	1.75	1.75	2.25	1.00	3.25	2.25	1.00	2.00
8	S_CONFLICTRES_AGGRESSIVE	2.17	1.50	1.00	1.00	1.00	1.33	1.00	1.33	1.17	1.17	1.67	1.17
9	S_CONFLICTRES_RELATIONSHIPS	2.33	3.67	2.67	3.67	3.67	3.33	3.33	2.67	2.67	2.00	3.00	2.67
10	S_CONFLICTRES_AGGBELIEF	1.88	2.00	1.00	1.00	1.00	2.25	1.63	1.63	2.50	2.63	2.13	2.38
11	S_LEARNING_RECESSEFFECT	1.67	2.33	2.67	3.00	2.33	1.67	2.67	2.67	3.00	2.67	2.33	2.00
12	S_LEARNING_SPORTSEFFECT	2.67	3.67	1.67	2.33	3.00	2.00	3.33	3.67	2.67	1.67	2.00	2.33
13	S_LEARNING_ENGAGEMENT	2.80	3.10	4.00	3.50	3.70	4.00	2.90	3.20	2.80	2.90	2.60	3.10
14	S_RECESS_ORGANIZED	1.67	2.33	0.50	1.83	1.00	2.67	1.83	2.33	1.17	2.00	2.67	1.00
15	S_RECESS_ENJOYMENT	3.71	3.43	1.14	3.86	4.00	3.57	4.00	4.00	3.57	3.86	3.86	3.29
16	S_YOUTHDEV_INTERACTIONS	3.50	2.83	3.67	3.50	3.67	4.00	2.17	3.50	2.67	2.17	4.00	2.50
17	S_YOUTHDEV_PEERCONFLICT	2.38	2.75	3.50	3.00	1.50	2.50	1.88	2.75	2.38	2.75	2.00	1.75
18	S_YOUTHDEV_PEERNONCONFLICT	2.00	2.75	3.75	2.00	2.25	1.00	1.75	2.25	2.50	2.50	1.00	2.50
19	S_PHYSICAL_SELFCONCEPT	1.55	1.45	1.45	1.64	1.55	2.00	1.73	1.73	1.64	1.73	2.00	1.64
20	傾向スコア	**0.279**	**0.280**	**0.279**	**0.110**	**0.110**	**0.109**	**0.130**	**0.130**	**0.130**	**0.082**	**0.083**	**0.083**
21	階層	**1**	**1**	**1**	**2**	**2**	**2**	**3**	**3**	**3**	**4**	**4**	**4**

表 3.10　最適・比率 (1 対 2) マッチング前後のサンプルサイズ

	統制群	処置群
全サンプルサイズ	844	147
マッチされたサンプルサイズ	294	147
マッチされなかったサンプルサイズ	550	0

率マッチングは良い方法ではないかもしれない。したがって，この方法を使用する前に，統制群に十分な個体数があることを確認するために，サンプルサイズの比率を調べるべきである。1 対 k マッチングの場合，統制群の個体数は，処置群の少なくとも k 倍以上でなければならない。この例では，処置群の個体数が 147，統制群の個体数が 844 と，処置群のサンプルサイズの 2 倍 ($2n = 294$) をはるかに超えている。しかし，もし統制群で利用可能な個体が 200 しかなかったとしたら，比率マッチングは失敗したかもしれない。得られたサンプルが統制群の個体よりも処置群の個体の方が多い場合でも，比率マッチングは使用できるが，その場合は処置群の複数の個体を統制群の 1 つの個体にマッチすることになる。

また，ここでの例では，処置群の個体のいずれも除外せずにマッチさせたことも注目に値する。しかし，データセットによっては，統制群と処置群のどちらかに外れ値があったり，統制群の共通サポートをはるかに超えた処置群の個体があったりすることもある。このような状況では，傾向スコアを推定する前にこれらの外れ値（通常は多変量の外れ値）を除外するか，またはより比較可能なペアを得るためにキャリパーマッチングのような関連する傾向スコア調整を使用するかを選択できる。これにより，最終的にマッチされたサンプルから処置群と統制群のいずれかの個体が除外されることがあるかもしれない。

ここでは，2 つのマッチング手法による結果に限定しているが，本書のウェブサイトには，統計ソフトを使用して，前述および他のタイプの傾向スコア手法（例えば，フルマッチング，キャリパーマッチング，復元マッチング，層別化，重み付け，および傾向スコアを用いた共変量調整）を実施する方法についての詳細な具体例が掲載されている。マッチされたサンプルの結果（すなわち，共変量の分布のバランス）を評価する方法については，第4章で説明する。

傾向スコアの共通サポートのチェックリスト

☑ 傾向スコアの分布をグラフにすると，分布の形状，平均値，最小値と最大値が処置群と統制群で似ているように見えるか？

☑ 統制群の最小値と最大値を計算した場合，処置群の個体の少なくとも 75% がその範囲に入るか？

☑ 群間の傾向スコアの標準化平均差（すなわち，コーエンの d）を計算した場合，この値は 0.05 より小さいか？

☑ 群間の傾向スコアを比較するために統計的検定（t 検定やカイ二乗検定など）を計算した場合，群間で有意な差があるか？

章末問題

3.1 最も一般的な傾向スコア法は何か？

3.2 マッチング手法（最近傍，キャリパー，最適，フル）は，それぞれどのように異なるのか？

3.3 以下の (a)〜(c) は，それぞれどのような場合に採用するか？

(a) 非復元マッチングではなく，復元マッチング

(b) ペアマッチングではなく，フルまたは比率マッチング

(c) 処置群の個体よりも統制群の個体が多いサンプル

3.4 初年次セミナーのデータセット (`First Year Seminar.csv`) を使用して，10 個の共変量をすべて使用して傾向スコアを計算し，初年次セミナーに参加した学生 (`Univ101` = 1) と参加しなかった学生 (`Univ101` = 0) をマッチさせる。非復元・ペアマッチング（1 対 1）を使用すると，以下のマッチング手法 (a)〜(c) に応じてマッチングはどのように変化するか？

(a) 最近傍マッチング

(b) キャリパーマッチング（キャリパーバンド幅が 0.25 の場合）

(c) 最適マッチング

3.5 問題 3.4 と同じ傾向スコアを用いて，初年次セミナーに参加した学生と参加しなかった学生を以下の方法 (a)〜(d) でマッチさせなさい。

(a) フルマッチング

(b) 復元・最近傍マッチング

(c) 処置群のすべての人が統制群の 2 人とマッチされる最近傍・比率マッチング（1 対 2）

(d) 処置群のすべての人が統制群の 2 人とマッチされる最適・比率マッチング（1 対 2）

3.6 問題 3.4 と 3.5 で使用したマッチング手法を 1 つ選ぶとしたら，どれを，なぜ選択するか？

第4章

共変量評価と因果効果推定

傾向スコア法を適用する際には，傾向スコア調整法の前後の共変量分布のバランスを知ることが重要である。傾向スコア法の主な目的は，共変量分布のバランスをとり選択バイアスを低減させることであるため，共変量が選択バイアスに寄与しているかどうかを知ることが不可欠である。傾向スコアを推定する前に共変量のバランスの状態（つまり，バランスがとれているかどうか）を知ることで，共変量を傾向スコアモデルに含める必要があるかどうかを知ることができる。このことを傾向スコア法を使った後で確かめることにより，傾向スコアモデルを修正する必要があるかどうか，処置効果を推定する際に二重に頑健な方法を使用する必要があるかどうか，あるいは第3章で議論した調整に基づいて処置効果だけを推定する必要があるかどうかを知ることができる。

そこで，本章ではまず，共変量のバランスをとることができるという観点から，傾向スコア法の有効性をどのように評価するかを議論する。次に，傾向スコア法を用いて処置効果を推定し，その推定が頑健であるかどうかを判断する方法について議論する。本章の最後に，Playworks データを使用して，統計ソフトウェアを使用して，これらの手法をどのように適用できるかを示す。本書のウェブサイトでは，R などの統計パッケージのプログラムを提供している。本章を読むことで

(a) 共変量分布のバランスを評価する方法
(b) 調整された処置効果を推定する方法
(c) 処置効果推定値の隠れたバイアスに対する感度を評価する方法

を理解することができる。

4.1 共変量分布のバランスの評価

傾向スコアマッチングの前に，どの共変量が選択バイアスに寄与しているかを確認するために，観察されたすべての共変量のバランスを確認することが不可欠である。共変量の分布は，処置状態と共変量との間に関連がないか，または傾向スコアと共変量との間に関連がない場合，バランスがとれている可能性が高い (Rosenbaum & Rubin, 1984)。両群がすべての共変量についてバランスがとれていれば，マッチングや重み付けの手順を踏む必要はないが，この結果を期待するのは現実的でない。選択バイアスの影響を受けない非ランダム化研究もあるが，多くの研究では選択バイアスの影響を受ける。したがって，処置効果がバイアスの影響をどの程度受けるのか，どの共変量のバランスをとる必要があるのかを測ることが重要である。

しかし，傾向スコア法を使用した後に共変量のバランスを確認することは，より重要である。なぜなら，共変量の中には，マッチング後もバランスのとれていないものがあることが多く，場合によっては，マッチングによって共変量のバランスが悪くなることさえあるからである (King & Nielsen, 2016)。共変量のバランスを確認するときには，傾向スコア法の前にはバランスがとれていた共変量が，調整後にはバランスが悪くなった可能性があるため，傾向スコアの計算に使用され**なかった**共変量も，使用された共変量と同様にモデルに含めることがある。傾向スコア法の調整後も共変量のバランスがとれていない場合には，二重に頑健な方法など，バランスのとれていない共変量を調整するためのさらなる手順を実施する必要がある (Schafer & Kang, 2008)。以下の項では，処置群と統制群の間の共変量バランスを評価するために最も一般的に用いられる 3 つの基準を紹介する。

4.1.1　選択バイアス

共変量 X_k $(k = 1, \ldots, K)$ に関連する選択バイアス B_k を評価するための最も基本的な手法は，処置状態間の共変量の平均差を求めることである。つまり，$M_{1(X_k)}$ を処置群の共変量の平均とし，$M_{0(X_k)}$ を傾向スコア調整前の統制群の共変量の平均とすると，

$$B_k = M_{1(X_k)} - M_{0(X_k)} \tag{4.1}$$

として選択バイアスが求められる。調整後は，$M_{1(X_k)}$ が処置群の全個体の平均，$M_{0(X_k)}$ が調整後に選択された個体のみの統制群の平均となる。

例えば，処置群と統制群が年齢に関してバランスがとれていないことを懸念しているとする。最初に，マッチング前とマッチング後の群間の年齢の平均差を評価することができる。表 4.1 の 20 人の初期サンプル（各処置状態に 10 人）と表 4.2 の 14 人のマッチされたサンプル（各処置状態に 7 人）を用いて，どのように確認できるのかを示す。マッチング前（表 4.1）は，処置群の平均年齢は 40 歳，統制群の平均年齢は 35 歳であった。したがって，選択バイアスは 5 ($B_k = 40 - 35$) である。しかし，傾向スコアでマッチングを行った後（表 4.2），処置群の平均年齢は 39 歳，統制群の平均年齢は 38.14 歳であり，$B_k = 0.86$ となった。選択バイアスの程度を評価するために，処置状態を原因変数とし，共変量をアウトカム

表 4.1 傾向スコアでマッチングする前の全サンプル

処置群			統制群		
個体	傾向スコア	年齢	個体	傾向スコア	年齢
A	0.19	27	K	0.07	25
B	0.28	28	L	0.15	27
C	0.36	45	M	0.22	24
D	0.41	34	N	0.26	40
E	0.48	35	O	0.31	31
F	0.54	41	P	0.36	23
G	0.65	63	Q	0.4	41
H	0.72	32	R	0.45	37
I	0.77	38	S	0.51	53
J	0.89	57	T	0.62	49
平均	0.529	40	平均	0.335	35
標準偏差	0.23	11.95	標準偏差	0.17	10.7

表 4.2 傾向スコアでマッチングした後のサンプル

処置群			統制群		
個体	傾向スコア	年齢	個体	傾向スコア	年齢
A	0.19	27	M	0.22	24
B	0.28	28	N	0.26	40
C	0.36	45	P	0.36	23
D	0.41	34	Q	0.40	41
E	0.48	35	R	0.45	37
F	0.54	41	S	0.51	53
G	0.65	63	T	0.62	49
平均	0.416	39	平均	0.403	38.14
標準偏差	0.16	12.40	標準偏差	0.14	11.41

変数とする統計的検定を用いることができる。一般的に，連続共変量には独立サンプルの t 検定が使用され，カテゴリカル共変量には

カイ二乗 (χ^2) 検定が使用される (Bai, 2013)。しかし，統計的検定は，サンプルサイズと分散の影響を受ける可能性のある母集団への推論を行うことが目的ではない。サンプル内の共分散バランスの大きさを測定することが統計的検定の目的であるため，他のバランスをチェックする手法と組み合わせてのみ使用されるべきである (Pan & Bai, 2016)。

4.1.2　標準化バイアス

選択バイアスは，共変量の2群間の平均の差だけを扱うので，2つの分布を完全に表すことはできない。したがって，他の統計量も考慮する方がよい。標準化バイアス (SB) は，共変量分布における値の変動に対する平均差を測定するので，より一般的に使用される統計量である (Rosenbaum & Rubin, 1985)。この尺度は，群間の平均の差を測定するために使用される効果量であるコーエンの d に非常によく似ている。SB と d は，母集団に対する推論を行うのではなく，サンプル内の差の大きさを測定するために使用されるので，サンプルサイズへの依存度は低い。SB と d はともに標準化平均差であり，2つの群間の平均の差 B_k をプールされた標準偏差で割ることによって推定される。どちらも選択バイアスの推定に使用されるが，SB は標準化された平均差に 100 を乗算する点で d とは異なる。$V_{1(X_k)}$ を処置群の個体の共変量の分散，$V_{0(X_k)}$ を統制群の個体の分散とすると，

$$\mathrm{SB} = \frac{B_k}{\sqrt{(V_{1(X_k)} + V_{0(X_k)})/2}} \times 100(\%) \tag{4.2}$$

表 4.1 と表 4.2 の同じサンプルを使用すると，マッチング前のサンプルの標準化バイアスは 44.1% [SB=(5/11.34)×100] であり，マッチング後のサンプルの標準化バイアスは 7.2% [SB= (0.86/11.94) ×100] である。

2値のカテゴリカル変数の場合，標準化バイアスは，2つの群のそれぞれの属性の割合の差を，プールされた標準偏差で割って100を乗じたものである (Austin, 2009)。$\hat{P}_T$ と $\hat{P}_C$ を，それぞれ処置群と統制群における特定の属性をもつサンプルの割合と表すと，

$$\mathrm{SB} = \frac{\hat{P}_T - \hat{P}_C}{\sqrt{\{\hat{P}_T(1-\hat{P}_T) + \hat{P}_C(1-\hat{P}_C)\}/2}} \times 100(\%) \tag{4.3}$$

のように表現される。例えば，処置群の10人中6人が女性であった場合，$\hat{P}_T = 0.6$ となり，統制群の10人中4人が女性であった場合，$\hat{P}_C = 0.4$ となる。プールされた標準偏差は0.49であり，標準化バイアスは40.8% ($\mathrm{SB} = [(0.6 - 0.4)/0.49] \times 100$) となる。

上記の式では，サンプル平均，サンプル分散，比率は重み付けなしの推定値である。しかし，傾向スコア重み付けが使用されている場合は，傾向スコア重み付け後の共変量バランスを評価するために，重み付け推定値を使用する必要がある。w_i を各個体に割当てられた重みとし，x_i を各個体の共変量の値とすると，重み付きサンプル平均は $\bar{x}_{加重} = \sum w_i x_i / \sum w_i$ となり，重み付きサンプル分散は

$$s^2_{加重} = \frac{\sum w_i}{\left(\sum w_i\right)^2 - \sum w_i^2} \sum w_i \left(x_i - \bar{x}_{加重}\right)^2$$

となる (Harder et al., 2010)。

例えば，各処置群の個体を2つの統制群の個体とマッチングさせる1対2の比率マッチング法を用いたとすると，表4.3に示すように，統制群の個体のいくつかに異なる重みを与えることができる。この例では，処置群の加重平均年齢は39歳であるが，統制群の加重平均年齢は37.73歳である。これらは，各年齢の値に対応する重みを掛け，加重年齢を足し，重み付けしたサンプルのサイズで割ることによって得られる。選択バイアスは1.27であり，これは

表 4.3　傾向スコア比率マッチング後のサンプル

処置群				統制群				
個体	傾向スコア	年齢	重み	個体	傾向スコア	年齢	重み	加重年齢
A	0.19	27	1	L	0.15	27	0.64	17.28
				M	0.22	24	0.64	15.36
B	0.28	28	1	N	0.26	40	0.64	25.60
				O	0.31	31	0.64	19.84
C	0.36	45	1	P	0.36	23	1.29	29.67
D	0.41	34	1	Q	0.4	41	1.29	52.89
E	0.48	35	1	R	0.45	37	1.29	47.73
F	0.54	41	1	S	0.51	53	1.29	68.37
G	0.65	63	1	T	0.62	49	1.29	63.21
加重平均		39						37.73

加重平均の差 ($B_k = 39 - 37.73$) から求まる。標準化バイアスは 10.7% であり，加重平均の差を非加重値のプールされた標準偏差で割ったもの (SB = 1.27/11.87) である。傾向スコアでマッチングする際の重み付けの割当の詳細については，4.2.1 項を参照されたい。

他の方法よりも標準化バイアスを使用する明確な利点は，共変量スコアの変動性（値のばらつき）を考慮すると同時に，推測統計量よりもサンプルサイズの影響を受けにくいということである。残念ながら，何を「バランスのとれた」共変量と考えるかについての明確な基準はない。Kang & Schafer(2007) は SB < 40% を推奨し，Harder et al.(2010) は SB < 25% を推奨し，Caliendo & Kopeinig (2008) は SB < 5% を推奨している。20% を超える SB はバランスが悪いことを示唆しており，最初の 2 つの基準は寛容すぎると考えている。SB < 5% が保守的すぎると考える人にとっては，SB が 10% 未満であることを要求することは受け入れられるかもしれない。

4.1.3 バイアス低減率

処置群と統制群の間の共変量のバランスを確認するために，**バイアス低減率** (percent bias reduction, PBR) もまた一般的に用いられている方法である。Cochran & Rubin(1973) は，バイアス低減率が 80% 以上になる方法が有効であることを示唆している。ここで，$B_{前}$ はマッチング前の選択バイアス，$B_{後}$ はマッチング後の選択バイアスとすると，バイアス低減率は以下のように定義される (Bai, 2011a)。

$$\mathrm{PBR} = \frac{|B_{前}| - |B_{後}|}{|B_{前}|} \times 100(\%) \tag{4.4}$$

PBR は，マッチング前のバイアスの絶対値とマッチング後の絶対値の差をマッチング前の絶対値で割った比率である。表 4.1 と表 4.2 のデータを用いて，年齢の選択バイアスはマッチング前が 5，マッチング後が 0.86 であることがわかった。したがって，バイアスの低減率は 82.8% ($\mathrm{PBR} = [(5 - 0.86)/5]100$) である。標準化バイアスの推定値がベンチマークに達していなくても，PBR が高い（すなわち，PBR > 80%）場合，傾向スコアはバイアス低減に効果的であると考えられるが，共変量を個々の共変量として追加する二重に頑健な方法を使用したいと思うかもしれない。

4.1.4 グラフと統計的検定

グラフ　グラフもまた，共変量の分布のバランスを評価するための良い選択肢である。適したグラフとしては，Q-Q プロット，ヒストグラム，およびラブプロット (love plot) がある (Ahmed et al., 2006; Cochran & Rubin, 1973; Pan & Bai, 2015a; Pattanayak, 2015; Rosenbaum & Rubin, 1985)。ほとんどの統計ソフトウェアでこれらのグラフを簡単に作成することができる。いくつかのパッケージ（例えば，R の `MatchIt`）は，マッチング手順の一部として共変量のバランスを自動的に確認する (Ho et al., 2011)。本章末の例では，いくつかのグラフについて解釈方法を説明する。

統計的検定　ホテリング (Hotelling) の T^2 は，すべての連続共変量について群間平均が等しいことを検定することによって，大域的な共変量のバランスを測定するために使用される統計的検定量である。この統計量は選択バイアスや標準化バイアスという尺度と同様に，共変量の分布の形状を考慮せずに，平均間の差に基づいている。したがって，何人かの研究者は，2 つの群の間の共変量分布を比較するために，2 サンプルのコルモゴロフ・スミルノフ検定 (Kolmogorov-Smirnov test) を使用することを推奨している (Gilbert et al. 2012; Sekhon, 2008)。帰無仮説は，両群とも共変量の分布が同一であるということである。したがって，平均差に加えて，共変量の群内中央値，分散，累積分布の違いを検定する。

測定された共変量の不均衡に関する統計的有意性を評価するために，t 検定，カイ二乗検定，マンテル ・ヘンツェル検定 (Mantel-Haensel test)，およびコルモゴロフ・スミルノフ検定などの統計的検定が使用されることがあるが，バランスの変化は統計的検定力の変化と混同される可能性があるため，これらは注意して使用されるべきである (Ho et al., 2011)。

4.2　因果効果の推定

傾向スコア法による因果効果の推定は，以下のように大きく 2 つの手順に分類される。

1. 傾向スコアマッチング後の処置効果推定
2. 選択バイアスを調整するための傾向スコア重み付けを用いた処置効果推定

本節では，異なる傾向スコアマッチングを実施した後の処置効果推定のための様々な統計モデルに焦点を当て，処置効果推定の調整としての傾向スコア重み付けを簡単に紹介する。

4.2.1　マッチング後の分析

いったんマッチすれば，処置効果を推定するために様々な統計分析が使用できる。貪欲ペアマッチング法（例えば，最近傍マッチング）に使用した場合，従来の単変量または多変量統計量が，アウトカムに関する群の比較に使用されることがある。しかし，複雑な手順（例えば，最適マッチング，フルマッチング，または比率マッチング）を用いる場合，群内の観測値の独立性の欠如を考慮するために，より複雑な分析が必要になる (Guo & Fraser, 2015)。

処置効果は，マッチされたグループが実質的にうまくマッチングされている場合には，個体間分析（例えば，独立サンプルの t 検定）または個体内分析（例えば，対応のあるサンプルの t 検定）を用いて推定することができる。各タイプの分析については，理論的な議論と応用的な議論の両方が行われている (Leite, 2017)。個体はいくつかの特徴でマッチしているので，マッチした個体を関連する観測値として扱い，個体内分析を使用することは理論的には正しい。個体は集約された共変量（つまり，傾向スコア）でマッチされているので，各個体の特徴は，無作為に選択された場合や処置条件に割当てられた場合よりも，互いに類似している。

Austin(2011) は，差は小さいが，マッチした個体についての個体内分析の方が，個体間分析よりも正確な結果が得られることを報告した。傾向スコアが第1章で議論した仮定が満たされる場合，個体内分析を使用する利点は，個体間分析よりも誤差分散を小さく推定する傾向があり，より高い統計的検定力をもつ可能性があるということである。しかし，このアプローチは，少ない変数から傾向スコアが計算されていたり，選択バイアスに影響を与えるすべての共変量が含まれていない場合には，一貫性のある結果が得られない可能性がある。

同じ個体を比較していないか，あるいは十分な数の属性ではマッチしないかもしれないので，処置群と統制群の個体を独立した観測値として扱うことがより適切であると主張する研究者もいる。傾向スコアの分布は群間で類似しているかもしれないが，共変量自体は同じではない (Stuart, 2010)。さらに，Schafer & Kang(2008, p.298) は，マッチされた個体のアウトカムが相関している可能性は低く，この場合，マッチした個体で個体内分析をする必要はないだろうと主張している。これらの議論に対する結論として，好ましい分析アプローチは，傾向スコアモデルを構築するために含めた共変量の数と質，マッチング後の共変量のバランス，およびアウトカム変数に関するマッチした個体間の相関関係を考慮することである。

ペアマッチングに関する分析　より単純なデザインは，より単純な分析を可能にする。したがって，非復元の 1 対 1 のマッチングが最適アプローチまたは貪欲アプローチ（すなわち，キャリパーバンド幅に依存しない最近傍マッチング）を使用して行われた場合，処置効果は標準的な単変量または多変量解析を使用して推定できる。

個体間分析には，以下のようなものが含まれる。

- 独立サンプルの t 検定，1 要因分散分析 (ANOVA)，または単一の連続アウトカム変数で各群を比較するときの通常の最小二乗回帰
- 複数の連続アウトカム変数で群を比較するときの多変量分散分析 (MANOVA)（例えば，ホテリングの T^2 やウィルクス (Wilks) の λ）

- 単一のカテゴリカルなアウトカム変数で各群を比較するときの関連性のカイ二乗検定または多項ロジスティック回帰
- 単一の2値アウトカム変数で群を比較するときのロジスティック回帰

個体内分析には，以下のようなものが含まれる。

- 対応サンプルの t 検定，反復測定ANOVA，または単一の連続アウトカム変数で各群を比較するときに差分スコア (difference scores) で使用される回帰調整（Rubin: Guo & Fraser (2015) で引用されている）
- 複数の連続アウトカム変数で各群を比較するときの反復測定MANOVA（例えば，ホテリングの T^2 またはウィルクスの λ）
- 単一の2値アウトカム変数で各群を比較するときのマクネマー検定 (McNemar's test)

複雑マッチングに対する分析 復元マッチングにおいて，比率マッチングまたはフルマッチングを採用した場合，処置効果の推定値は，観測値において各群のサンプルサイズが等しくないこと，または独立でないことを考慮しなければならない。個体間分析は，ペアマッチングで使用されるものと似ているが，観測値は重み付けされる。例えば，独立サンプルの t 検定は，単一の連続アウトカム変数で各群を比較する場合にも使用できるが，その場合，観測値が重み付けされた後にのみ使用される。重みは，処置群と統制群のサンプルサイズの比に，各個体のマッチ数の比を掛けて決定される。

$$w_i = \frac{n_C}{n_T}\frac{m_{Tj}}{m_{Cj}} \tag{4.5}$$

ここで，w_i は各個体の重み，n_C は統制群の個体数，n_T は処置群の個体数，m_{Tj} は各マッチンググループ j 内の各統制群の個体にマッチされた処置群の個体の数，m_{Cj} は各マッチンググループ j 内の処置群の各個体にマッチされた統制群の個体の数である。

例えば，1 対 3 の比率で非復元マッチングを行い，処置群の個体が 99，統制群の個体が 167 得られたとする。統制群の個体の数は処置群の個体の 3 倍以下であるから，すべての処置群の個体が 3 つのマッチングをもつわけではないことがわかる。一部 (n_T =57) は，1 つの統制群の個体のみとマッチし，一部 (n_T =16) は 2 つの統制群の個体とマッチし，一部 (n_T = 26) は 3 つの統制群の個体とマッチしている。処置群の各個体は 1 で重み付けされるが，統制群の個体は $(167/99)\times(1/m_{Cj})$ で重み付けされる。処置群の 1 つの個体が統制群の 1 つの個体にマッチされる場合，その統制群の個体の重みは 1.687 である。統制群の 2 つの個体にマッチされる場合，それら 2 つの個体のそれぞれの重みは 0.843 である。そして統制群の 3 つの個体にマッチされる場合，各個体は 0.562 で重み付けされる。MANOVA，関連性のカイ二乗検定，ロジスティック回帰，または多項ロジスティック回帰のような他の統計手法も，上記のような方法で観測値を重み付けした後に使用されるかもしれない。これは重みの一般的な方法であるが，他のアプローチも使用されることがある（例えば，Abadie & Imbens, 2011, 2016; Lehmann, 2006）。

個体内分析は，アウトカム間の潜在的な相関を考慮している。したがって，マッチされた個体の観測値が相関していると合理的に仮定できる場合，これらの分析が使用される。

(a) マッチした一部が第 2 レベルの効果として説明される階層線形モデル

(b) マッチした一部がランダム効果である一般化線形混合モデル (GLMM)

表 4.4 傾向スコアを説明するために使用される2要因の分散分析表

因子	F	自由度	p
処置状態	42.756	1, 190	< 0.001
層	5.869	4, 190	< 0.001
処置状態 × 層	0.592	4, 190	0.669

の両方が，1つの連続アウトカム変数または1つの2値アウトカム変数のいずれかで使用できる。

4.2.2 その他の傾向スコア法の分析

層別化後の分析 傾向スコア層別化を使用した後の処置効果を推定するには，2つの一般的なアプローチがある。1つは，処置状態を1つめの要因とし，傾向スコア層を2つめの要因とする2要因分散分析 (ANOVA) を用いるものである (Rosenbaum & Rubin, 1984)。例えば，2つのグループを比較し，傾向スコアに基づいて個体を五分位に層別化したとする。これにより，2（処置状態）× 5（傾向スコア層）のデザインが得られる。処置の効果は，2要因 ANOVA を実行することによって検定され，その中では，処置状態と層の両方が主効果として，また双方向の交互作用としてモデルに含まれている。層の主効果と交互作用項は，傾向スコアの分散を部分的に取り除く共変量として機能する（表 4.4 参照)。残りの個体間分散（すなわち，処置に関する主効果の結果）は，処置に関するバイアスのない推定値を与えるはずである。表 4.4 に示された例では，層別化による傾向スコアを考慮すると，処置状態が有意な効果をもつと結論付けられる ($F_{(1,190)} = 42.756$, $p < 0.001$)。

より一般的なアプローチは，各層について独立サンプルまたは対応サンプルの t 検定などの個体間分析を計算し，層間の効果推定量（すなわち，t 値または d 値）を平均化する (Shadish & Clark,

表 4.5 傾向スコアを説明するために用いられる一連の独立サンプルの t 検定

層	平均の差	t	自由度	p
1	5.234	5.288	49	< 0.001
2	3.068	2.760	50	0.008
3	4.791	4.052	42	< 0.001
4	4.250	2.635	26	0.014
5	3.400	1.555	23	0.134

2002) か，または各層について別々に解釈することである (Han et al., 2014)。アウトカム変数がカテゴリカルな場合は，カイ二乗検定または多元配置の頻度分析を代わりに使用することができる。アウトカム変数がカウントデータの場合は，ポアソン回帰または負の 2 項回帰が使用される。このアプローチは，層を共変量として扱うのではなく，単純な主効果を見るだけであることを除いては，これまでの手法と似ている。上述の 2×5 デザインに従って，層ごとに 1 つずつ，5 つの独立サンプルの t 検定を実行する（表 4.5 を参照）。このアプローチは，層によって効果が大きく異なる場合には，分散分析よりも適切である。表 4.5 の例では，すべての平均差は 3.1 から 5.2 の間であり，処置群を選択する確率に関係なく，処置群の方が統制群よりも一貫して高いスコアをもっていることを示唆している。したがって，どちらのアプローチも適しているかもしれない。しかし，もし層のいずれかで負の効果が見られる場合は，第 2 のアプローチの方がより正確である。

傾向スコア重み付け　観測値が重み付けされたならば，調整された処置効果を検定するために独立サンプルの t 検定または単回帰を単純に実行できることを強調する研究者もいる (Holmes, 2014)。

しかし，他の研究者は，重み付けられた観測値は標準誤差が過大に膨らむ傾向があり，その結果，処置効果が過小評価されることを指摘している (Clark, 2015; Heckman et al., 1998)。観測値の過大な重み付けを減らすために正規化された重み付けまたは安定化された重み付けを用いたり (Austin & Stuart, 2015; Hirano & Imbens, 2001; Robins et al., 2000)，標準誤差を推定するためにブートストラップサンプルを用いたり (Reynolds & DesJardins, 2009; Shadish et al., 2008) することで，これを制御することができる。

第3章で説明したように，正規化と安定化による調整は，処置効果分析ではなく，単に重みそのものを修正したものである。しかし，これらの重み付けアプローチを使用することで，非常に大きな（例えば，0.95）または小さな（例えば，0.05）傾向スコアをもつ個体が過剰に重み付けされ，標準誤差が大きくなる可能性が減るかもしれない。これらが制御されている場合は，従来の t 検定を使用することができる。そうでなければ，標準誤差は，加重平均差（すなわち，ATE または ATT）の標準誤差をブートストラップしたサンプルから推定される。処置効果のための t 検定は，加重平均差をブートストラップサンプルの平均標準誤差 (t =ATE/SE) で割ることによって計算できる。Leite(2017) は，これらの標準誤差がどのように生成され，適用されるかについて，より詳細に説明している。

共変量調整　ほとんどの統計ソフトは重回帰分析と共分散分析の両方を推定するので，共変量調整を傾向スコアで使用する手順は他の方法よりも簡単である。重回帰分析を使用する場合は，単にモデルに予測変数として傾向スコア e_{xi} を追加するだけである。

$$\hat{Y} = a + b_1 X_i + b_2 e_{xi} \tag{4.6}$$

ここで，$\hat{Y}$ は予測されたアウトカム変数，a は定数，b_1 は処置に対する回帰係数，X_i は各個体の処置状態（0= 統制，1= 処置），b_2 は傾向スコアに対する回帰係数である。共分散分析を使用する場合，処置状態を固定された要因とし，傾向スコアを共変量とする。処置効果は，元の群の平均と標準偏差ではなく，調整された平均と標準誤差に基づいている。

4.2.3　二重に頑健な方法

Schafer & Kang(2008) は，傾向スコアが正しくモデル化されていない場合，選択バイアスを十分に軽減できない可能性があることを報告した。傾向スコアモデルが選択バイアスに寄与するすべての影響力のある共変量（すなわち，無視できない観測値）を含まない場合，モデルの誤特定が発生する可能性がある。例えば，モデルで使用された共変量にいくつかの欠落がある場合や，共変量の関数形の誤特定（すなわち，共変量は非線形トレンドや交互作用などの高次項を使用してモデル化する必要がある場合）である。

1 つの解決策として，傾向スコアモデルに交互作用や高次項を追加する方法もあるが，Schafer と Kang は，個々の共変量と傾向スコアの両方をモデルに含める二重に頑健な方法を使うことを提案している。Shadish et al.(2008) はモデルの誤特定については特に検定していないが，二重に頑健な方法は傾向スコア法を単独で使用した場合よりもバイアスを低減することが多いことを指摘している。

二重に頑健な方法は，上記で説明した調整法のいずれかと一緒に使用することができる。分析的手順は通常，他の手順と共分散分析を単純に使用するだけである。例えば，二重に頑健なマッチング法は，個体が傾向スコアでマッチングされた後に，2 要因共分散分析で処置効果を推定するために使用できる。この場合，分析に使用する個体を選択するために，ペアマッチング法を使用することができる。そして，マッチされたサンプルは，傾向スコアを作成するために使用されたすべての共変量を考慮した共分散分析で比較される。同様に，層別化と重み付けられた処置効果は，個々の共変量に加えて，傾向スコアによる層別化または重み付けのいずれかを含む共分散分析を使用する。傾向スコアを用いた共変量調整は，共分散分析または回帰分析において共変量として傾向スコアと個々の共変量の両方を含める。

4.3 感度分析

観察データに傾向スコア法を適用する場合，影響力のあるすべての共変量が測定され，傾向スコア推定モデルに含まれていると仮定される。しかし，実際には，実験研究やシミュレーション研究以外において，この仮定が満たされることはほとんどない。観察されていない共変量が傾向スコアモデルに含まれていない場合，隠れたバイアスがしばしば存在する。推定された処置効果の**感度分析** (sensitivity analysis) は，傾向スコア法を導入した後，隠れたバイアスに対して処置効果推定がどの程度頑健であるか，隠れたバイアスが存在する場合に処置効果推定がどの程度のバイアスを含むかを診断するために使用される手順である。残念ながら，2018年以前の多くの出版物は感度分析を無視しているようであり，その理由の一部は，ほとんどの統計ソフトでこれらの手順の利用が限られているからである。しかし，(i) 傾向スコア法がどれだけ選択バイアスを低減したか，(ii) 処置効果が信頼できるかどうか (Rubin, 1997) を知るために，潜在的な隠れたバイアスに対する推定された処置効果の感度を評価することは不可欠である。

多くの研究では，傾向スコアで調整された処置効果の頑健性を確認するための様々な方法が記述されている。これらの方法のいくつかには，

(a) 2値アウトカムを用いた測定されていない共変量の完全尤度関数 (Rosenbaum & Rubin, 1983)
(b) ランダム化の枠組みに基づくロジスティックモデルを用いたローゼンバウムのバウンド (Rosenbaum, 2002)
(c) 2値アウトカムを用いた上限値と下限値の線形計画法 (Kuroki & Cai, 2008)
(d) 逆確率重み付けを用いた実現可能な領域に基づくアプローチ (Shen et al., 2011)
(e) 傾向スコアに基づく感度 (Li et al., 2011)

である。これらの手法のうち，Rosenbaum(2002) のバウンドの方法 (b) は，R などの統計パッケージで利用できるため，最も頻繁に使用されている手法である。

ローゼンバウムのバウンド　Rosenbaum(2002) は，ランダム化による推論の原理に基づいて，隠れたバイアスが存在する場合の処置効果推定の不確実性の大きさを評価するためにバウンドを使用する感度分析を開発した (Keele, 2010)。ローゼンバウムのバウンドの基本的な考え方は，観察されていない共変量の係数の対数である Γ を処置効果のバイアス（つまり，ランダム化比較試験からの乖離の程度）の尺度として使用することである。ローゼンバウムのアプローチは，アウトカムと処置状態の間の関連性の統計的有意性に焦点を当てる (Gastwirth et al., 1998; Liu et al., 2013)。ローゼンバウムの感度アプローチには，一次感度分析，同時感度分析，一次感度分析に似た二次感度分析などがある。一次感度分析では，処置を受

けることと観察されていない交絡との間の関係のオッズ比は，$1/\Gamma$ と Γ の間に収まる。Γ が増加すると，処置の推定が隠れたバイアスのために変化する可能性がある。

（p 値に基づく）推測統計量は，Γ が処置効果に及ぼす効果を検定するためにしばしば使用される。例えば，ウィルコクソンの符号順位統計量 (Wilcoxon's signed rank statistic) を使用するローゼンバウムの感度分析では，処置効果の推論検定からの結論が，$\Gamma < 2$ のときに変化する場合，処置効果のモデルは隠れたバイアスに敏感であると考えられる。すなわち，傾向スコア法を適用した後に処置効果の推定値が有意であったが，Γ に対する p 値の上限と下限が $\Gamma < 2$ において有意でなくなった場合（例えば，有意水準 $\alpha = 0.05$ を使用して $0.02 < p < 0.08$），処置効果の推定値にバイアスがある可能性がある。同様に，傾向スコア法を適用した後に処置効果の推定値が有意ではなかったが，$\Gamma < 2$ において Γ の上限と下限の p 値が有意になった場合（例えば，上限に対して $p < 0.05$），効果の推定値にバイアスが生じる可能性がある。すなわち，推定された処置効果は，処置効果が観察された交絡因子で調整された後であっても，アウトカムに対する処置の真の（バイアスに依存しない，または，バイアスが調整された）オッズ比に敏感である。この感度を検出するために使用されるランダム化の検定の方法は，アウトカム変数の測定尺度（例えば，2値，連続，または順序）に依存する。しかし，感度分析のための別の関数を複数群の比較のために利用することができる。

同時感度分析　このアプローチは，研究者が，観察されていない共変量が処置状態とアウトカムの両方との関連に対する処置効果の感度を確かめる。このアプローチは，(a) 処置状態と観察されていない共変量との関連のオッズ比の上限 Γ，および (b) アウトカムと観察されていない共変量との関連のオッズ比の上限 Δ を用いる[a)]。ポイントは，処置効果の推定が観察されていない共変量に敏感であることを示す Γ と Δ の組み合わせが有意ではない閾値を見つけることである。Liu et al.(2013) は，$\Gamma = 7.39$ と $\Delta = 1.84$ のときに処置変数（母の死への曝露）の効果が観察されない共変量に対して敏感になった応用例を示した ($p = 0.08$)。すなわち，$\Gamma = 7.39$ と $\Delta = 1.84$ のとき，母親の自殺による死亡は，もはや自殺未遂のための子孫の入院と有意に関連しておらず，観察されていない共変量に対する中程度の感度を示唆している。

4.4　まとめ

傾向スコア法は，処置効果を推定する際に，選択バイアスを修正するようにサンプルや統計分析を調整することを目的としている。傾向スコアが有効であるためには，(a) 傾向スコア法を適用した後（例えば，共変量のマッチングや重み付けを行った後）に共変量の

---

a)訳注：同時感度分析を行うにあたって，まず，Γ と Δ の値を特定する必要がある。Γ と Δ の値の特定は，観察されない共変量が与えられたときに処置を受ける確率の上限 p^+ と下限 p^- を計算することでできる。特に p^+ は，$p(\theta) = \frac{\Delta}{1+\Delta}$，$p(\pi) = \frac{\Gamma}{1+\Gamma}$ とすると，

$$p^+ = p(\pi) \times p(\theta) + (1 - p(\pi)) \times (1 - p(\theta))$$

を利用して計算できる。マクネマー検定により，観察された共変量と観察されない共変量の両方を調整した上での，アウトカムと処置状態の関係の真のオッズ比の p 値の上限を計算するため，p^+ と一致していないペア数を使う。ペア間でアウトカムが不一致のペアの総数を T，処置群ではアウトカムに変化があり対照群にはアウトカムに変化がなかったペアの数を a としたとき，p 値の上限は以下のように計算できる。

$$\sum_{a}^{T} \binom{T}{a} (p^+)^a (1 - p^+)^{T-a}$$

バランスが保たれていなければならず，(b) 使用した特定の傾向スコア法に基づいて適切な分析を使用しなければならない。共変量のバランスは，群間の共変量の平均差（選択バイアス）または共変量の群平均の標準化された差（標準化バイアス）によって評価されることが最も多い。これらはどちらも比較的小さい（例：SB $< 5\%$）はずである。本章末のチェックリストは，傾向スコア法の後に，傾向スコアが共変量を十分にバランスさせたかどうかを判断するのに役立つようにまとめている。

傾向スコアの貪欲マッチング（例えば，ペアマッチング）を使用する場合，マッチされたデータにおいてすべての共変量がバランスしていると仮定して，t 検定などの基本的な推論統計量を使用して，マッチされたサンプルから処置効果を推定することができる。しかし，比率マッチングまたは復元マッチングを使用する場合，個体は最初にマッチングした個体の比率で重み付けされる必要がある。層別化については，2 要因分散分析を実行するか，（t 検定または 1 要因分散分析を使用して）各層の群内平均を比較することによって，2 群の比較に各層を含める。傾向スコアでの重み付けの分析は，重みがマッチの比率ではなく傾向スコアに基づくことを除いて，複雑マッチング法の場合と似ている。傾向スコアを用いた共変量調整を用いる場合，共分散分析または重回帰のいずれかで共変量として傾向スコアを含めることができる。最後に，処置効果の推定値が潜在的な隠れたバイアスに対して頑健であることを確認するために，感度分析を行うべきである。

4.5　具体例

2.4 節で説明した Playworks データを用いて，(a) 傾向スコアマッチング前後の共変量のバランスを評価し，(b) 傾向スコアマッチング後の処置効果を検定し，(c) 感度分析を行う方法を示す。これらの分析の基本的なコードは，本書のウェブサイトで提供されている。本節では，いくつかのサンプルの分析からどのような結果が期待できるか，そしてそれらをどのように解釈するかを示すに留めている。

4.5.1　傾向スコアマッチング前後の共変量のバランスを確認する例

統計的チェック　3.4 節の最近傍マッチングを使用した傾向スコアマッチング法を実行した後，新しいマッチングデータファイルが作成された。多くの統計パッケージは，共変量が一致したデータでバランスがとれているかどうかをチェックできるように，4.1 節で説明した様々なバランス統計量を提供する（例：平均差，標準化バイアス，バイアス低減率）。表 4.6 は，非復元の 1 対 1 ペアによる最近傍マッチングを使用した後のバランスの結果を示している。

マッチングの前には，傾向スコアの平均差は 0.102，標準化バイアスは 75.03% であり，各群の傾向スコアの平均が大きく異なっていたことがわかる。マッチングを行った後には，傾向スコアの平均差は 0.006，標準化バイアスで 4.45% となり，バイアスの減少を示している。さらに，標準化バイアス (SB) は 5% 未満であるため，Caliendo & Kopeinig(2008) が推奨するバランスの最も保守的な基準を満たしている。バイアス低減率は 93.66% であり，これもまた十分な全体的なバイアス低減量を示しており，16 個の共変量すべての間で低減されたバイアスは相当なものであることを意味している。

全体的なバイアスの減少が十分であるにもかかわらず，いくつかの方法では，傾向スコアマッチングによって，マッチング前にバランスがとれていた可能性のある共変量のバイアスが増加する可能性があることは注目に値する。マッチングは，個々の共変量ではな

表 4.6 最近傍マッチング前後での共変量バランスの結果

	マッチング前					マッチング後					
	処置群の平均	統制群の平均	統制群の標準偏差	平均差	SB(%)	処置群の平均	統制群の平均	統制群の標準偏差	平均差	SB(%)	低減率
傾向スコア	0.236	0.133	0.105	0.102	75.03	0.226	0.220	0.118	0.006	4.45	93.66
s_gender	0.517	0.492	0.598	0.025	4.59	0.517	0.476	0.501	0.041	8.14	−61.33
s_grade	4.483	4.494	0.500	−0.011	−2.21	4.483	4.490	0.502	−0.007	−1.36	38.62
S_CLIMATE_COMMUNITY	3.013	2.522	1.483	0.491	45.08	3.013	3.016	0.434	−0.003	−0.70	99.39
S_CLIMATE_SCOOLSAFETY	2.565	2.305	1.539	0.260	18.88	2.565	2.465	1.266	0.099	8.07	61.83
S_CONFLICTRES_AGGRESSIVE	1.342	1.381	1.108	−0.039	−4.59	1.342	1.345	0.459	−0.003	−0.57	93.33
S_CONFLICTRES_RELATIONSHIPS	2.744	2.960	1.567	**−0.217**	**−11.00**	2.744	2.995	1.870	**−0.252**	**−12.00**	**−16.21**
S_CONFLICTRES_AGGBELIEF	1.516	1.598	1.185	−0.083	−8.70	1.516	1.553	0.632	−0.037	−5.92	54.70
S_LEARNING_RECESSEFFECT	2.501	2.188	1.810	0.313	23.19	2.501	2.540	0.674	−0.039	−6.01	87.68
S_LEARNING_SPORTSEFFECT	2.533	2.207	2.101	0.326	18.96	2.533	2.633	0.897	−0.100	−9.32	69.32
S_LEARNING_ENGAGEMENT	3.255	3.100	1.143	0.155	18.00	3.255	3.242	0.476	0.013	2.82	91.84
S_RECESS_ORGANIZED	2.056	1.850	1.241	0.206	21.40	2.056	2.111	0.583	−0.055	−9.69	73.19
S_RECESS_ENJOYMENT	3.602	3.504	1.240	0.098	10.63	3.602	3.637	0.499	−0.035	−7.79	64.22
S_YOUTHDEV_INTERACTIONS	3.320	3.073	1.592	0.247	20.60	3.320	3.290	1.157	0.030	3.24	88.00
S_YOUTHDEV_PEERCONFLICT	2.220	1.890	1.469	0.330	28.51	2.220	2.338	0.791	−0.118	−15.62	64.14
S_YOUTHDEV_PEERNONCONFLICT	1.844	1.461	1.734	0.382	29.22	1.844	1.787	1.168	0.057	6.00	85.18
S_PHYSICAL_SELFCONCEPT	1.730	1.645	1.067	0.086	11.16	1.730	1.744	0.229	−0.013	−6.11	84.53

く，すべての共変量を集約した傾向スコアに基づいているため，これらの変数について，マッチングされたサンプルでバイアスが過剰に補正されたり，悪化したりすることは珍しいことではない。

第2章の例では，共変量の1つである他の生徒との関係性(S_CONFLICTRES_RELATIONSHIPS)と処置変数との関係が弱いことを指摘した。表4.6では，この共変量（太字で強調）は，マッチング前は平均差 -0.217，標準バイアス11%であったが，マッチング後は平均差が -0.252，標準バイアスが12%に増加していることがわかる。-16.21% の減少率は，マッチング後にバイアスが増加したことを示している。このような状況では，傾向スコアモデルからこの共変量を取り除くことを検討すべきである。

グラフによる確認　傾向スコアがどの程度，選択バイアスを軽減したかを評価するための様々なグラフを作成することもできる。ジッタープロットやヒストグラムでは，傾向スコアマッチングの前後の大域的なバランスを視覚的に確認することができ，Q-Q プロットでは個々の共変量のバランスを確認することができる。

例えば，最近傍マッチングの結果の一部として生成されたジッタープロット（図4.1）とヒストグラム（図4.2）は，処置群と統制群の傾向スコアの分布を示している。ジッタープロットには，マッチング後のマッチされた個体とマッチされなかった個体の両方の傾向スコア分布が含まれている。我々のマッチング法では，処置群のすべての個体をマッチさせたので，図4.1には3つの分布しか示されていない。これらの分布から，マッチされたサンプルの分布のデータポイントが非常に似たパターンを示しているのに対し，マッチされなかったデータポイントは分布の左側付近に積み重なっていることがわかる。ヒストグラムには，マッチング前の元のサンプルとマッチングしたサンプルの傾向スコア分布が含まれている。ここで

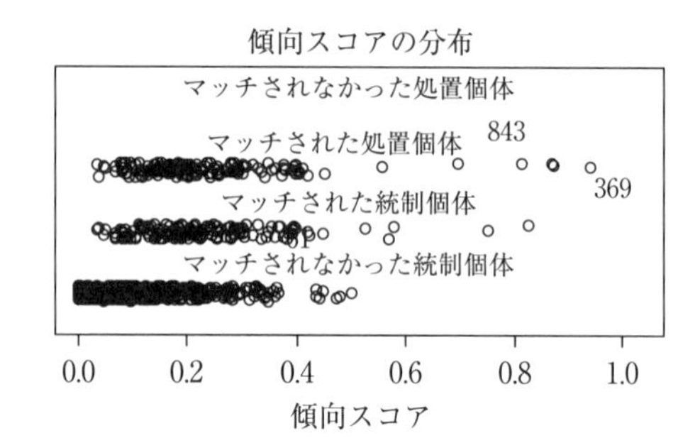

図 4.1 マッチされた個体とマッチされなかった個体のジッタープロット

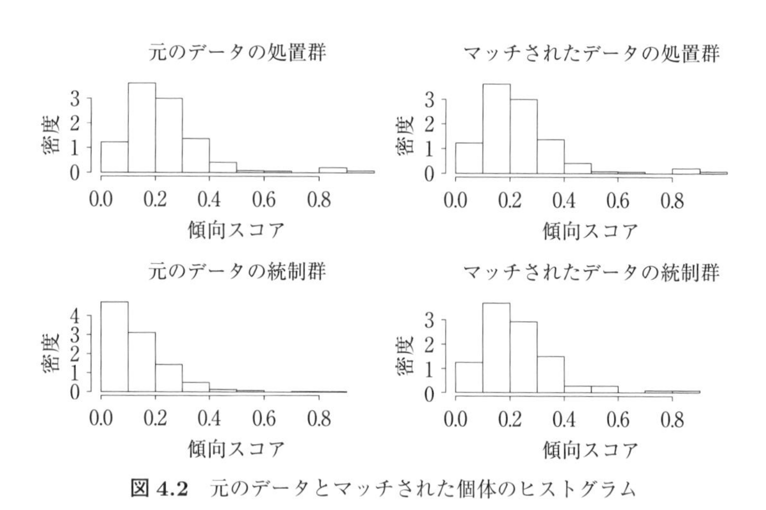

図 4.2 元のデータとマッチされた個体のヒストグラム

は，マッチングされた個体の分布が，マッチング前の分布よりもお互いによく似ていることがわかる。

4.5.2 傾向スコアマッチング後の処置効果の推定

処置効果は，様々な方法を用いて推定できる。理論的には，マッチング後にすべての共変量のバランスがとれていれば，マッチング

表 4.7　S_CLIMATE_RECESSSAFETY に関する独立サンプル t 検定の結果

	平均						95%	95%	サンプルサイズ	
データ	処置群	統制群	t 値	自由度	p 値	平均差	下限	上限	処置群	統制群
NN1:1†	2.896	2.622	2.306	292	0.022	0.274	0.12	0.04	147	147
元データ	2.896	2.483	5.335	989	<0.001	0.413	0.163	0.662	147	844

†1 対 1 の最近傍マッチングでマッチされたデータ

したサンプルでの t 検定を使用することができる。マッチング後も一部の共変量がバランスしていない場合は，最終的な処置効果の推定でそれらを調整する必要がある。これは，共分散分析または回帰分析の処置効果モデルに共変量を含めることで行われることが多い。ここでは，独立サンプルの t 検定を用いた例を示すが，この t 検定からの処置効果推定の結果は，調整なしの推定結果と同じように解釈される。

表 4.7 は，第 3 章の最近傍マッチング法の後に得られたデータを用いた独立サンプルの t 検定の結果である。Playworks への割当 (s_treatment) を処置変数とし，生徒の休み時間での安心感 (S_CLIMATE_RECESSSAFETY) をアウトカム変数として使用した。これらの結果から，処置群は統制群よりも学生の休み時間の安心感に関する認識の平均スコアが有意に高いことが示された ($t_{(227)} = 2.306, p = 0.022$)。これは，マッチされたデータから推定される処置効果が統計的に有意であることを示唆している。マッチングなしの元のデータを用いた t 検定でも同じ結論 ($t_{(989)} = 2.306, p < 0.001$) が得られたが，マッチされたデータからの効果はそれほど強くなく，共変量のバイアスが少ないため，おそらくより正確であると思われる。観察された共変量のバイアスが減少しているにもかかわらず，隠れたバイアスがある場合，この処置効果は正確ではないかもしれない。したがって，この処置効果推定が隠れたバイアス

に対してどの程度敏感であるかを評価すべきである。

4.5.3 感度分析

この例では，ローゼンバウムのバウンドを使用して，マッチされたデータからの処置効果推定の隠れたバイアスに対する感度を確認する。表4.8は，p 値にローゼンバウムのバウンドを用いたウィルコクソン符号順位検定を用いた感度検定の結果を示している。

ローゼンバウムの検定では，Γ は，観察されない要因により処置状態への割当が異なることに対するオッズである。社会科学および行動科学で使用される一般的な慣行に従って，Γ の最大値を2に設定し，0.1ずつ増加させていく。表から，$\Gamma = 1$ のとき，追加の交絡因子や隠れたバイアスがない場合の処置効果の推定では，$p = 0.0113$ であることがわかる。Γ が0.1増加 ($\Gamma = 1.1$) では，有意水準 $\alpha = 0.05$ で p 値は依然として有意である。つまり，観察さ

表4.8 ウィルコクソン符号順位 p 値に対するローゼンバウム感度分析

	p 値	
Γ	下限	上限
1	0.0113	0.0113
1.1	0.0028	0.0359
1.2	0.0006	0.0861
1.3	0.0001	0.1668
1.4	0.0000	0.2744
1.5	0.0000	0.3980
1.6	0.0000	0.5240
1.7	0.0000	0.6405
1.8	0.0000	0.7397
1.9	0.0000	0.8187
2	0.0000	0.8780

れない共変量の値が異なるために，ある1人の人が処置群にいるオッズが1.1倍高い場合，処置効果は依然として有意であることを示している。しかし，$\Gamma = 1.2$ の場合，p 値は0.0861に増加し，これは有意とは言えないことを示唆している。これは，他の16個の共変量が処置群と統制群の間でバランスがとれているにもかかわらず，観察されていない共変量の値が異なるために処置群にいる人のオッズが1.2倍しか高くならない場合，処置効果は統計的に有意ではないかもしれないことを意味している。つまり，観察されていない共変量による選択バイアスがわずかに増加するだけで，統計的推論は変化することになる。

共変量バランスを確認するためのチェックリスト

☑ 傾向スコアモデルで使用したそれぞれの連続（比例または間隔尺度）共変量について，式(4.2)から計算された標準化バイアス推定値が10%未満か？
- 10%未満であれば，その共変量はバランスがとれていると仮定することがある
- そうでない場合は，傾向スコア推定モデルと測定されていない共変量を確認する

☑ 傾向スコアモデルで使用したそれぞれのカテゴリカル（名義または順序尺度）共変量について，式(4.3)から計算された標準化バイアス推定値が10%未満か？
- 10%未満であれば，その共変量はバランスがとれていると仮定される
- そうでない場合は，傾向スコア推定モデルと測定されていない共変量を確認する

☑ 各共変量について，式 (4.4) から計算されたバイアス低減率が 80% 以上か？

- 共変量のバランスがとれていて，バイアスが 80% 以上減少していた場合，傾向スコア法は共変量の選択バイアスを有意に減少させた
- 共変量のバランスがとれていて，バイアスが 80% 以上減少しなかった場合，傾向スコア調整の前に共変量が十分なバランスであった可能性がある
- 共変量のバランスがとれておらず，バイアスが 80% 以上減少していた場合は，統計モデルに共変量を含めて処置効果を推定する際に，二重に頑健なモデルを使用する
- 共変量のバランスがとれておらず，バイアスが 80% 以上減少しなかった場合は，傾向スコア調整がバイアスを十分に低減させなかったと考えられるため，別の調整方法を使用するか，傾向スコアモデルに高次の項を含めてみよう

章末問題

4.1 初年次セミナーのデータセット (`First Year Seminar.csv`) を利用して，統計的な調整前の 10 個の共変量のそれぞれについて，**(a)** 選択バイアスと **(b)** 標準化バイアスを計算しなさい。

4.2 初年次セミナーのデータセットの 10 個の共変量すべてを使用して傾向スコアを計算し，非復元の（1 対 1）ペアマッチングによって，初年次セミナーに参加した学生 (`Univ101` = 1) と参加しなかった学生 (`Univ101` = 0) をマッチさせる（これは問題 2.4 と同じ問題である）。マッチされたサンプルを用いて，各共変量について

以下の (a)〜(e) を計算しなさい。

(a) 選択バイアス

(b) 標準化バイアス

(c) バイアス低減率（問題 4.1 からの推定値をマッチング前のバイアスとして使用する）

(d) マッチされたサンプルの共変量のいずれかが，まだバランスされていないか（すなわち，$d > 0.1$ または SB > 10）？

(e) バイアスの減少が 80% 未満であった共変量はあるか？

4.3 問題 4.2 で作成したマッチされたサンプルを用いて，初年次セミナープログラムの処置効果を以下のように推定しなさい。

(a) 独立サンプルの t 検定を用いた 1 年目の GPA (`FirstYrGPA`)

(b) 関連性のカイ二乗検定を用いた 2 年目の在籍率 (`EnrollYr2`)

4.4 元の初年次セミナーのデータセット（マッチング前）を用いて，初年次セミナープログラムの処置効果を以下のように推定しなさい。

(a) 独立サンプルの t 検定を用いた 1 年目の GPA (`FirstYrGPA`)。この結果を，マッチされたサンプルで実行した結果と比較しなさい。

(b) 関連性のカイ二乗検定を用いた 2 年目の在籍率 (`EnrollYr2`)。この結果を，マッチされたサンプルで実行した結果と比較しなさい。

4.5 問題 4.4 の結果を用いて，感度分析を実行し，以下を考察しなさい。

(a) Γ の p 値が 0.05 の閾値を超えているとき，それは何を意味するか？

(b) 処置効果の推定が隠れたバイアスに敏感になる前に，どのくらいの Γ の増加が必要か？

第5章

まとめ

最終章では，傾向スコア法を使用する上での限界と制約について議論し，これらに対処するための提案をする。また，これまでの章で提示された最も重要なポイントをまとめ，傾向スコア法の発展について所見を述べる。多くの研究者がランダム割当を行わない因果関係に関わる研究において，傾向スコア法が選択バイアスの低減に非常に有効であることを見出しているが，そうでないと主張する研究者もいる。したがって，傾向スコア法がバイアスのない結果をもたらさない条件について議論する。本章では，傾向スコア法の制約を最小化するための代替案や提案について議論する。

5.1　傾向スコア法の限界とその対処法

研究者は，傾向スコア法の利点を享受する一方で，傾向スコア法の限界を理解することが不可欠である。研究者は，傾向スコア法を実施した後に，潜在的な限界を制御し，未解決の課題に対処し，研究結果を適切に解釈したという十分な実証的な根拠を示す責任がある (Pan & Bai, 2016)。傾向スコア法は，観察研究における選択バイアスの低減と内的妥当性の向上を目的としているが，傾向スコアを適切に使用しないと，バイアスが増大する可能性がある。

5.1.1　隠れたバイアス

無視できる処置割当の仮定を満たさない場合には，傾向スコア法を使用したとしても，処置効果をバイアスなく推定できなくなる可能性がある。理論的には，処置状態への割当は，一連の観察された共変量を考慮した後，アウトカム以外の変数とは無関係となる。したがって，この仮定は，傾向スコアを推定する際に，交絡変数のすべてが測定され，適切にモデル化されていることを必要とする。傾向スコアは観察された共変量を用いてのみ推定できるが，処置効果に影響を与える他の未知の交絡因子が存在する可能性もある。したがって，観察されていない共変量が傾向スコアモデルから欠落している場合は隠れたバイアスが存在するため，実際には，この仮定は満たされないかもしれない (Joffe & Rosenbaum, 1999; Rosenbaum & Rubin, 1983; Rubin, 1997)。したがって，傾向スコア推定値の精度および処置効果における選択バイアスを十分に減少させる度合いは，これらの欠落した予測変数または交絡変数によって深刻な影響を受ける可能性がある (Greenland, 1989; Hosmer & Lemeshow, 2000; Rothman et al., 1998; Weitzen et al., 2004)。

測定が困難な変数が存在するため，隠れたバイアスの発生源をすべて説明することはできないかもしれないが，慎重な研究デザインによって隠れたバイアスの発生源を限定することができる。これは，理論に導かれた選択によって行われるのが最善である。理想的には，傾向スコア推定モデルに測定可能なアンバランスで影響の強い共変量をすべて含めるべきである (Pan & Bai, 2016)。隠れたバイアスが存在することを知っている場合には，最終的な処置状態のモデルが，潜在的な観察されていない共変量からの隠れたバイアスに対してどれだけ頑健かを確認するために感度分析を行うことも重要である (Pan & Bai, 2016; Rosenbaum & Rubin, 1983)。感度分析の結果が，共変量が除かれることで処置効果が変化する可能性が高いことを示している場合，処置効果の推定値が隠れたバイアスの存在に対してどの程度敏感であるかを慎重に解釈すべきである (Li et al., 2011)。

5.1.2　傾向スコアマッチングの問題点

傾向スコアマッチングは，おそらく傾向スコア法の中で最も一般的な手法であり，ランダム化比較試験を再現する方法として評価を得ている (Rosenbaum & Rubin, 1985)。しかし，過去数年の間に多くの批判も受けている（例えば，King & Nielsen, 2016; Pearl, 2010）。

第 1 に，隠れたバイアスが存在する場合，傾向スコアが正しくモデル化されていないため，傾向スコアによるマッチングでは，比較可能な群を作成することができない。

第 2 に，傾向スコアのマッチングには，傾向スコアの分布に十分な重複または共通サポートが必要である。共通サポートが十分でない場合，マッチングでは群間の異質な個体が除外されることが多いため，マッチされたデータは元のサンプルを代表するものではない。そのため，傾向スコアマッチングでは，傾向スコアが非常に高い（または低い）個体が除外される可能性が高く，マッチされたデータから推定された処置効果を元のサンプルが代表する母集団に一般化できない可能性があることを意味する。

第 3 に，研究に最適なマッチング手法を見つけるのに苦労することである。すでに議論したように，傾向スコアでマッチングを行う際には多くの選択肢があり，最適な方法がデータの特定の条件や傾向スコアの推定方法に依存する (Harder et al., 2010; Lee et al., 2010; Pan & Bai, 2015a; Stone & Tang, 2013)。例えば，バイアスの低減量は，マッチングが復元か非復元かによって有意に異なる (Pan & Bai, 2015a)。この影響は，サンプルサイズが小さい場合に特に顕著である。バイアスの減少は，各処置個体にマッチさせた統制個体によっても影響を受ける可能性がある。統制個体の数が処置個体よりも m 倍以上多い場合（またはその逆）には，比率マッチング（1対 m または m 対1）が有益であるかもしれない。このタイプのマッチングは，元のサンプルからより多くの情報を利用して**ターゲット母集団** (target population) を表現することを可能にし，推定結果の外的妥当性または一般化可能性を向上させる。

これらの批判にもかかわらず，理論的には，傾向スコアマッチングは観察研究における因果推論の妥当性を向上させる良い方法であることに変わりはない。重要な懸念は，手法そのものではなく，それが適切に使用されているかどうかである。第1に，研究者は傾向スコア法を用いる前提を十分に理解する必要がある。第2に，データの特性に基づいて適切なマッチング手順を選択することが重要である。第3に，傾向スコアでマッチングした後に共変量のバランスをチェックすることが重要である。もし，傾向スコアマッチング後に共変量のバランスが改善されていないままであれば，処置効果推定モデルにおいてこれらの共変量を制御する必要がある。最後に，傾向スコアを用いた因果効果推定が，傾向スコアでのマッチング後の観測されない共変量に対してどの程度頑健であるかを調べるために，感度分析を行う必要がある。

5.1.3 サンプルの制限や除外

マッチングでは，マッチされたペアのみが分析に残るので，マッチされなかった個体は除外される。しかし，多くの個体を除外すると，サンプルサイズが大幅に小さくなり，2つの潜在的な問題が生じる。(a) マッチされた新しいデータセットは，ターゲット母集団を代表しなくなる可能性があり，(b) 処置効果を推定する際の検出力が低下する可能性がある (Bai, 2011; Weitzen et al., 2004)。このような状況は，処置群と統制群の間に十分な共通サポートがない場合に起こりやすく，その場合，傾向スコアマッチングを使用すべきではない。

不十分な共通サポートを解消する第1の方法は，大規模なサンプルを使用することである (Rubin, 1997)。大規模なデータセットは群間の共通サポートを広くするだけでなく，サンプルサイズが小さいものよりも安定した結果が得られる (Bai, 2011; Hirano et al., 2003; Månsson et al., 2007; Rubin, 1997)。Rosenbaum & Rubin (1983) は，傾向スコア法はサンプルサイズが大きいか小さいかにかかわらず，観察研究においてバイアスを十分に除去できると主張しているが，他の研究 (Bai, 2011; Rubin, 1997) では，傾向スコア法を用いて因果推論を行う場合，より大きなデータセット（例えば全国規模のデータ）の方がより安定した結果が得られることを報告している。

マッチングのときに除外される個体の数を抑える第2の方法は，複雑マッチング法を使用することである。例えば，最適マッチング，フルマッチング，復元マッチングは，キャリパーマッチングや非復元マッチングよりも多くマッチできることが多い。そのため，サンプルサイズが小さい場合には，これらの方法の方が優れた選択肢となる。

5.1.4　傾向スコア重み付けの問題点

傾向スコア重み付けは，複雑なデータ（ネストされたデータや縦断的なデータなど）を扱うことができ，サンプルサイズの削減を緩和できるという点で，傾向スコアマッチングに比べていくつかの利点がある。しかし，傾向スコア重み付けは依然として隠れたバイアスの影響を受けやすく，個体を過大に重み付けする可能性がある。例えば，逆確率重み付け (IPTW) 法を使用する場合，傾向スコアが小さい処置個体と大きい統制個体には，非常に大きな重みが割当てられることがある。このような重み付けは，推定された処置効果の変動性と標準誤差を増加させ (Austin & Stuart, 2015)，統計的検定力を低下させる。また，傾向スコア重み付けは，傾向スコアを推定する際にモデルの誤特定の影響を受けやすく (Freedman & Berk, 2008)，これは望ましくない影響をもたらす可能性があり，処置効果を推定する際のバイアスを増大させるかもしれない (Harder et al., 2010; Olmos & Govindasamy, 2015; Stone & Tang, 2013)。

上記の問題に対処するために，他のタイプの重み付け方法が検討されるべきである。これらの方法には，サンプル全体における処置個体または統制個体である確率を利用する安定化重み付け (stabilized weights)(Lee et al., 2011) や，過剰な重み付けの問題を避けるために，重みの分布の四分位 (Cole & Hernán, 2008) を利用して閾値を設定するトリミング（または切断）重み付けなどがある (Austin & Stuart, 2015)。モデルの誤特定の問題については，傾向スコア重み付けを有効に使用するためにモデルの適合性を検証する必要がある。

5.2 分析手順のまとめ

5.2.1 共変量選択

傾向スコア法の第1の目的は，不完全なデザインを修正して，強力な因果関係の結論を導き出すことにある。傾向スコア法は，既存の観察データを用いて使用されることが多いが，個体を処置条件にランダムに割当てることができない場合にも有効である。傾向スコア法が選択バイアスを低減する上で最も効果的であるためには，どの共変量についてデータを収集するかを事前に決定しておくべきである。そのため，研究の最初の段階から分析デザインを計画しておくことが重要である。そのような場合には，処置状態の選択に最も影響を与える可能性が高い共変量と，それらがアウトカムとどのように関係しているかを検討する必要がある。デザインを決めるための最善の方法は，先行研究を徹底的にレビューし，専門家に相談することである。これにより，研究者は，これらの特定の変数についてのデータを収集することができるようになり，また，無視できないバイアスのすべての発生源を考慮できる可能性を高めることができる。

残念なことに，データがすでに収集されているような粗悪なデザインの研究を救済しなければならない状況に陥ることがある。これはかなり厄介である。良い傾向スコアを作成するためのデータが手元にないからだ。このような場合でも，傾向スコアを推定して適用することはできるが，傾向スコア法では選択バイアスを十分に低減できない可能性があることに注意が必要である。

要するに，傾向スコアは，(a) 処置状態とアウトカムの両方に関連し，(b) 処置前に測定され，(c) すべてのバイアスの発生源を考慮した共変量に基づくときに最も良く推定される。選択バイアスの**すべての**発生源を考慮できる可能性は低いが，データ収集の前にどの共変量を測定するかを選択することで，ほとんどのバイアスの発生源を考慮できる可能性を高めることができる。

利用できる変数を使用して，どの変数が処置状態およびアウトカム変数に関連しているかを統計的に調べることができる。2 群デザイン（すなわち，1 つの処置群と 1 つの統制群を比較）では，式 (4.2) と (4.3) を用いて標準化バイアスを計算することができる。バイアスの量が小さくない（すなわち，$\mathrm{SB} > 10\%$ または $d > 0.1$）またはわずかではない（すなわち，$\mathrm{SB} > 5\%$ または $d > 0.05$）共変量については，傾向スコアモデルに含めることを検討してよい。

共変量が処置状態にどのように関連しているかを評価するために他の推測統計量が使用されるかもしれないが，効果量または標準化バイアスの尺度を使用することは，サンプルサイズの大小に影響を受けにくい。同様に，各共変量とアウトカム変数との関係は，効果量を用いて評価できる。連続共変量と連続アウトカム変数にはピアソン相関係数またはスピアマン相関係数を使用することができ，2値共変量と連続アウトカム変数には標準化平均差を使用することができ，連続またはカテゴリカルな共変量と2値アウトカム変数にはオッズ比を使用することができる。繰り返しになるが，アウトカム変数との関連が小さくない共変量については，モデルで考慮する価値がある。

共変量が処置状態とアウトカム変数の両方に関連している場合は，傾向スコアモデルに含めるべきである。アウトカム変数のみに関連する共変量は，共変量バランスへの影響は限定的であるが，それでも処置効果に影響を与える可能性がある。したがって，これらもモデルに含めるべきである。共変量が処置状態に関連しているが，アウトカム変数に関連していない場合，研究者は時間的な順序を考慮しなければならない。傾向スコアは，特定の属性が処置への自己選択にどのように影響するかをモデリングするために使用されることを忘れてはならない。すなわち，共変量が処置の割当前に決定されていることを必要とする。共変量が処置後に測定された場合，それは処置前の特性ではなく，処置の影響を受ける可能性がある。したがって，処置前に測定され（または存在していた），処置状態と関連する場合には，その変数は共変量として含めるべきである。

5.2.2 傾向スコアの推定

傾向スコアの計算にはいくつかの方法があるが，最も一般的な方法はロジスティック回帰および木に基づく (tree based) アンサンブル法である。どちらの方法も，複数のカテゴリカル共変量と連続共変量を含めることができ，共変量が処置状態との関連があるかどうかで傾向スコアの重み付けがなされる。つまり，処置状態との関連が強い共変量は，関連が弱い共変量よりも，傾向スコアモデルで大きい重みが与えられる。ロジスティック回帰は，通常の最小二乗回帰と同様のモデリング手法を使用するので，非常に簡単で，ほとんどの統計ソフトで利用できる。木に基づくアンサンブル法は，共変量だけでなく，いくつかの傾向スコアモデルも集約するので，より安定している（そして，より一般化できる)。研究者の中には，いずれかの方法を特に好む人がいて，実際に推定方法の間で小さな違いがあることを発見している人もいるが，いずれの方法でも，すべての無視できない共変量がモデルに含まれている限り，良好な傾向スコアを作成できる。

どちらの方法でも，結果として得られる傾向スコアは，処置群にいることの予測確率であり，ほとんどの統計ソフトは自動的にこれらの値を保存する（多くの場合，標準化されていない予測確率とラベル付けされる)。1 に近い傾向スコアをもつ個体は処置群に属する可能性が高く，0 に近い傾向スコアをもつ個体は統制群に属する可能性が高い。傾向スコアの分布が正規分布ではない場合，傾向スコアは，歪みを減らすためにロジット変換されることがある。

5.2.3　傾向スコアの共通サポート

調整に傾向スコアを使用する前に，傾向スコアの共通サポートを評価することが不可欠である。これは，グラフ，効果量，または推定統計量を用いて，傾向スコアの群間の違いを比較することで調べることができる。各群の傾向スコアのヒストグラムを比較するだけで，傾向スコア分布がどの程度重なっているかを視覚的に知ることができる。重なりや共通サポートが大きければ大きいほど，傾向スコア調整後に各群を比較できる可能性が高くなる。傾向スコアの平均差と標準化平均差は，重なりの度合いを定量的に示す。これらの差は小さい方が望ましい。群間の平均値の間に許容できる差の明確な基準はないが，Rubin(2001) は標準化平均値の差が 0.5 未満であることを推奨している。処置群の傾向スコアの一定の割合（例えば，75%）が統制群の傾向スコアの範囲と重なることを推奨する研究者もいる (Bai, 2015)。傾向スコアの分布間の差は，独立サンプルのコルモゴロフ・スミルノフ検定のような統計的推測（または有意性）検定を用いて評価することもできる。しかし，これらの仮説検定は，サンプルサイズの影響を非常に受けやすく，我々の目的は傾向スコア分布を母集団に一般化することではないので，傾向スコアには適切ではないかもしれないことに注意されたい。傾向スコア分布が互いに類似していれば，十分な共通サポートの仮定が満たされる。しかし，この仮定が満たされていない場合，それぞれの調整方法はそれ自体が問題となる。貪欲マッチングはいくつかの悪いマッチングを行い，キャリパーマッチングはいくつかの個体を除外してしまう。層別化は，値の高い層と値の低い層でサイズが不均等になり，傾向スコア重み付けは，極端に高いまたは低い傾向スコアをもつ個体を過剰に重み付けする可能性がある。また共変量調整は，一方または両方のグループで共変量の範囲が制限される状況に直面することがある。

5.2.4 調整法のまとめ

適切な傾向スコアを得た後には，選択バイアスを調整するために様々な方法を使用することができる。最も一般的な 4 つの傾向スコア調整方法は，マッチング，層別化，重み付け，共変量調整である。

傾向スコアマッチング マッチングでは，処置群と統制群の傾向スコアの近さに基づいて，処置群と統制群の似ている個体を識別し，ペアまたはグループ化する。最も実用的なマッチングのタイプには，最近傍マッチング，キャリパーマッチング，最適マッチング，およびフルマッチングがある。すべてのマッチング手法は一般的にバイアスを低減するが，キャリパーマッチングと最適マッチングはバイアスを最も低減することが多い。マッチングの種類を変えることに加えて，復元マッチングや統制群の個体を処置群よりも多くするなど，他のアプローチを傾向スコアマッチングに適用できる。これらのアプローチはいずれも，すべての処置個体が統制個体と十分にマッチする可能性を高める。

層別化 層別化は，各層が処置群と統制群の個体を含むように，傾向スコアに基づいていくつかのカテゴリーまたは層に分類する。層別化により，通常はすべての個体を含めることができるが，一部の層では個体が少ない，または全く含まれない場合がある。この場合，層の数を減らしたり，特定の層に分類する閾値を変更することで，この問題を軽減できるかもしれない。閾値は，パーセンタイル区間（例えば，各層の個体の 20%）または傾向スコア区間（例えば，各層の傾向スコアの間隔は 0.2）で定義することができる。

重み付け 重み付けは，観測値に傾向スコアに基づく重みを掛けることで，処置群と統制群のバランスをとろうとする。一般的に使用される 2 つの傾向スコア重み付け推定量は，

(a) 処置群と統制群の両方の観測値を傾向スコアの逆数で重み付けすることによる平均処置効果 (ATE)
(b) 統制群の観測値だけを傾向スコアのオッズで重み付けをすることによる処置群の平均処置効果 (ATT)

を推定するために使用される。近年，傾向スコア重み付けがより一般的になってきているが，この方法が外れ値やモデルの誤特定に対して特に敏感であることに注意することが重要である。

共変量調整 傾向スコアは共分散分析または重回帰の共変量として使用することができ，傾向スコアとアウトカム変数との間の相関関係を考慮することで，交絡要因による影響を減らすことができる。多くの研究では，これがバイアスを除去するための有効な方法であることがわかっているが，一方で，共分散分析における統計的な仮定の違反に対して頑健ではないとの指摘がある。傾向スコアだけでの共変量調整が十分でない場合には，傾向スコアに加えて個々の予測因子を含む二重に頑健なモデルを使用することで，選択バイアスをさらに減らすことができるかもしれない。

5.2.5 共変量と傾向スコアのバランスチェック

統計的な調整を行った後には，傾向スコア法が処置群と統制群の間の個々の共変量のバランスがどの程度とれているかを評価することが重要である。連続共変量のバランスをチェックするためには t 検定などの仮説検定を，カテゴリカル共変量のバランスを検定するためにはカイ二乗検定を使用することがあるが，これらの検定の結果は，他のバランスチェックの結果によって裏付けられるべきである。一般的に，傾向スコア法がどの程度，選択バイアスを低減するかを評価するために，標準化バイアス (SB) 推定量とバイアス低減率 (PBR) を使用することが好ましい。

5.2.6 処置効果の推定

各処置個体を1つの統制個体にマッチさせるように傾向スコアマッチングを使用した場合，従来の単変量または多変量検定を用い

表 5.1　ペアマッチングで使用した検定

	アウトカム変数	単変量	多変量
個体間分析	連続変数	独立サンプルの t 検定 1 要因分散分析 (ANOVA) 最小二乗回帰	ホテリングの T^2 ウィルクスの λ
	カテゴリカル変数	関連性のカイ二乗検定 多項ロジスティック回帰 ロジスティック回帰	
個体内分析	連続変数	対応サンプルの t 検定 反復測定 ANOVA 差分スコアによる回帰調整	反復測定ホテリングの T^2 反復測定ウィルクスの λ
	カテゴリカル変数	マクネマー検定	

て調整された処置効果を推定することができる。ほとんどの研究では，処置効果を推定するために，個体間分析を使用することを推奨する（すなわち，1 つのアウトカム変数についての独立サンプルの t 検定または関連性のカイ二乗検定，2 つ以上のアウトカム変数についてのホテリングの T^2）。処置個体と統制個体が実質的にうまくマッチしている場合には，個体内分析（すなわち，1 つのアウトカム変数についての対応サンプルの t 検定またはマクネマー検定，2 つ以上のアウトカム変数についての反復測定ホテリングの T^2）を使用することができる。複雑マッチングが使用された場合，個体間の単変量または多変量検定を使用する前に，観測値を重み付けしなければならない。マッチしたサブクラスを考慮する階層線形モデルまたは一般化線形混合モデルを，個体内分析として使用することができる（表 5.1 参照）。

傾向スコアによる層別化を使用する場合，処置効果を推定するための2つの一般的な方法がある。

1. 実験条件を1つ目の要因，傾向スコアの層を2つ目の要因とする2要因分散分析 (ANOVA) を使用する (Rosenbaum & Rubin, 1984)。
2. 各層について，独立サンプルの t 検定のような個体間分析を計算する。

アウトカム変数がカテゴリカル変数である場合，カイ二乗分析または多元配置の頻度分析が代わりに使用されることがある。アウトカム変数がカウントデータの場合，ポアソン回帰または負の2項回帰が使用されることがある。

複雑マッチングと同様に，観測値が重み付けされると，従来の個体間分析（表5.1）が実行されるが，それは極端に高いまたは低い傾向スコアがない場合にのみ実行される。極端な傾向スコアがある場合は，標準化された，または安定化された重み付けを使用したり，ブートストラップサンプルから標準誤差を推定することによって，過度の重み付けを制御できる。このような場合，データを用いた共変量調整は，共分散分析や重回帰分析で共変量として傾向スコアを含めることで簡単に行える。

5.2.7 感度分析

無視できる処置割当の仮定は，おそらく傾向スコア法を使用する際に最も違反しやすい仮定である。これは，研究者が選択バイアスの原因となるすべての共変量を含めることに失敗したときに起こるが，以下のような理由で発生する。

- データを収集する際に，バイアスの原因となる共変量を見落としてしまう（交絡変数を特定できないなど）

- データ収集に制約がある（機密情報を入手できないなど）
- これらの共変量を測定することができない
- 二次データに共変量が含まれていない

いずれにしても，我々の研究の妥当性がこの隠れたバイアスによって影響を受ける可能性があることを考慮しなければならない。したがって，感度分析は，処置効果の信頼性，および潜在的な隠れたバイアスにかかわらず，それがどの程度，頑健であるかを評価するために使用されるべきである。感度分析には多くの方法があるが，Rosenbaum(2002) のアプローチが最もよく使用される。

この手順は，ランダム化の枠組みに基づいたロジスティックモデルから，許容可能な処置推定値の区間であるバウンドを設定することからなる。一連の仮想的な（すなわち，シミュレートされた）共変量を導入することによって，処置を受ける可能性のあるオッズを変化させ，これらのオッズが処置効果にどの程度影響を与えるかを見ることができる。この時点で，処置効果はすでに傾向スコア法で調整されているので，傾向スコアモデルに仮想的な共変量を含める必要性を検討している。

理想的な共変量は，処置割当とアウトカムに影響を与えることを想定しているが，分析モデルには含まれておらず，選択バイアスのレベルが異なる（すなわち，処置状態およびアウトカムとの相関が中程度以上の）変数であるべきである。本来の共変量は研究に存在しうる隠れたバイアスを表す。実際の分析では考慮できなかった共変量を含めてもバウンドの範囲内に収まるのであれば，理論的には推定された処置効果から結論を変えるほど研究に大きな影響を与えないと結論付けることができる。

5.3 最後に

5.3.1 傾向スコアはトラブルメーカーなのか

介入に対する優れた評価と同様に，方法論的アプローチの有用性を評価するには，費用便益 (cost-benefit) 分析も必要である。多くの研究者が，傾向スコア法は本書で説明した手順を実施するために必要な時間と労力に見合う価値があると考えている。しかし，傾向スコア法を使用することの限界や懸念事項も理解しておくべきである。ここでは，選択バイアスを低減するために傾向スコア法を使用することの是非をまとめる。

傾向スコア法を好んで使う人は，以下の点を強調する。

- 適切に使用すれば，傾向スコア法は効果的にバイアスを減少させる。特定の手法にかかわらず，傾向スコア法が非ランダム化比較研究における選択バイアスを低減できることを，一貫して実証している方法論的研究が多数ある (Austin & Schuster, 2016; Bai, 2011; Dehejia & Wahba, 2002; Harderate al., 2010; Shadish et al., 2008; Stone & Tang, 2013)。
- 傾向スコア法は，従来の共変量調整やマッチング法などの他の統計的調整よりも，バイアスの低減に効果的であることが多い (Grunwald & Mayhew, 2008; Stürmer et al., 2006)。これらの研究は，モデルの違いによって説明されていると思われる。共分散分析や重回帰分析などの従来の共変量調整は，共変量の影響を軽減する可能性があるが，これらの手順は必ずしも群間のバランスを改善するわけではない。傾向スコアは，共変量がアウトカムではなく処置群の割当をどの程度予測するかに基づいてモデリングされている。したがって，両群は同質である可能性が高い。個々の共変量を使用する従来のマッチングおよび層別化もまた，連続変数の正確なマッチを見つけることがしばしば困難であるという点で問題があり，特に複数の共変量でマッチングする場合には問題がある。

傾向スコア法を批判する人は以下のことを指摘する。

- 傾向スコアは，同じように機能する他の方法よりも多くの時間と労力を必要とする。Stürmer et al.(2006) によるメタ分析では，傾向スコアは従来の共変量調整よりも選択バイアスを低減させることがいくつかの研究で明らかになったが，多くの研究では2つの方法の間に違いは見られなかった。しかし，彼らは傾向スコア研究の多くが適切に実施されていなかった可能性があることも指摘している。Schafer & Kang(2008) は，従来の調整法の多くも誤特定されていたかもしれないことを示唆している。すなわち，選択バイアスを調整する際には，共変量および共変量と処置状態間の交互作用の両方を用いるべきである。しかし，これでさえ，選択バイアスを完全に除去できないかもしれない。
- セレクションモデルやクラスタリングに基づく手法など，傾向スコア法と同様にバイアスを低減する手法は他にもある (D'Attoma et al., 2017; Heckman & Navarro-Lozano, 2004)。

他の研究者は，傾向スコア法の使用を推奨する一方で，特定の条件下では使用しないことを推奨している。

- 傾向スコアマッチングは，傾向スコアの最も一般的な応用の1つであるが，最近では不適切であると批判されている。その意図した目的に反して，傾向スコアマッチングは実際に共変量のアンバランスや処置バイアスを増加させる可能性があると主張する研究者もいる (King & Nielsen, 2016; Pearl, 2010)。これはKingとNielsenによると，他の傾向スコア法（重み付けなど）では起こりにくく，他の形式のマッチングが依然として提案されているが，彼らは傾向スコアでのマッチングを避けることを推奨している。

- 一般的に生物統計学者の間では重み付けが好まれているが，多くの研究者は，多くの傾向スコアが1または0に非常に近い場合には，重み付けは適切な手順ではないかもしれないと示唆している（例：Austin, 2011; Lanehart et al., 2012; Shadish & Steiner, 2010）。正規化または安定化された重み付けにもかかわらず，過剰な重み付けが発生することがある。これは他の手法にも影響するが，重み付けが特にモデルの誤特定に敏感であることを示している (Freedman & Berk, 2008; Kang & Schafer, 2007)。
- 前述したように，共変量調整を傾向スコアで使用する際の大きな懸念事項は，共分散分析を使用する際にどれだけ仮定を満たしているかということである。これは，傾向スコアだけでなく，個々の共変量についても同様である。共変量間の分散が不均一な場合 (D'Agostino, 1998; Rubin, 2001) や，共変量や傾向スコアがアウトカムと線形に関連していない場合 (Rosenbaum, 2010) には，研究者はこの方法を推奨していない。

5.3.2 傾向スコアは万能薬ではない

多くの研究者が適切な条件の下で傾向スコア法を使用することを提唱しているが，5.1節で述べた制約のために，傾向スコア法がすべての研究課題は解決できないことを知っておくのは重要である。傾向スコア法を使ったからといって，処置効果をバイアスなく推定できると信じてしまわないように注意しなければならない。

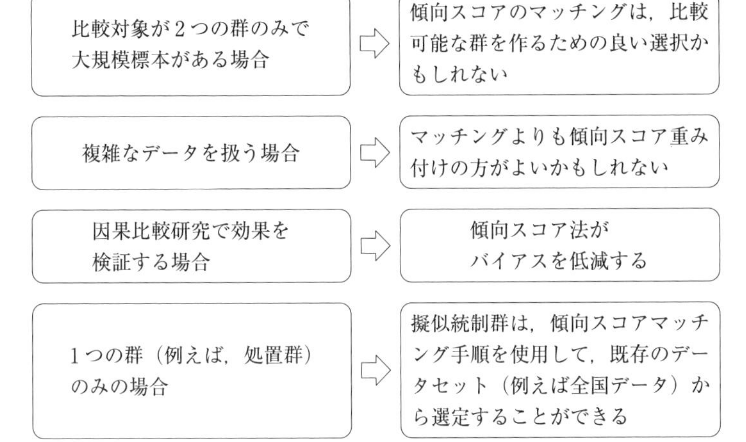

図 5.1　傾向スコア法を使用するための一般的なガイドライン

傾向スコア法は処置効果推定の精度を向上させることができるが，それは適切に使用され，仮定が満たされている場合に限る。いくつかの分野では，傾向スコア法を使用する際のガイドラインを設けている（図 5.1）。例えば，教育に関する What Works Clearinghouse(2017) では，傾向スコアの使用についていくつかの注意点を設けている。前述の通り，

(a) 傾向スコアモデルで使用する共変量は介入前に測定されなければならない

(b) 共変量はバランスがとれていなければならない

および，通常の傾向スコア法の手順を超えた以下のようなガイドラインも示されている。

(c) 傾向スコア調整は，処置後の観測値と同様に処置前にも適用されなければならない

(d) 共変量のバランスがとれていない場合に処置効果を推定する際には，共変量と傾向スコアの両方を分析モデルに含めるという，二重に頑健な方法を使用しなければならない

傾向スコア自体が正しくモデル化されていない場合（すなわち，モデルの誤特定），統計的に調整できているという仮定が満たされていない場合，または十分な共通サポートがない場合においては，傾向スコア法はバイアスを十分に低減しないことに注意を要する。モデルの誤特定は，

(i) 傾向スコアモデルに，選択バイアスに寄与するすべての共変量（すなわち無視できない観測値）が含まれていない場合
(ii) モデルで使用される共変量にいくつかの欠測値がある場合
(iii) 共変量の関数形の誤特定（例えば共変量は高次項を使用してモデル化する必要があるかもしれない）がある場合

に発生するかもしれない。共分散分析の仮定が満たされていない場合，傾向スコアによる共変量調整は効果がないことがある。考えられる懸念としては，傾向スコアが分散不均一でアウトカム変数と線形関係がないこと，分散が群間で不均一であること，または傾向スコアが各群のアウトカム変数と同じ相関をもっていない可能性があることである。重み付けは，傾向スコア分布が歪んでいる場合にも有効であり，これはよくあることである。極端な傾向スコアによる過大な重み付けを抑える方法はあるが，完全に問題を解決するとは限らない。

最後に，共通サポートがあまりないと（キャリパーマッチングや層別化で）個体を除外したり，（貪欲マッチングや層別化で）マッチングが悪くなったり，前述の統計的仮定に違反する可能性が高くなる。極端な傾向スコアをもつ個体を除外することは，研究の限ら

れたサンプルに対する因果推論の精度を向上させるかもしれないが，結果についてターゲット母集団へ一般化することがより困難になる。これらの個体は処置を受ける可能性が低いため，除外しても問題はないと主張することができる。一方，重み付け前にキャリパーマッチングやトリミングを行うと，傾向スコアの高い個体が除外されてしまう可能性がある。処置を受ける可能性の高い個体における処置効果を知りたいので，これは問題となる。

5.3.3 統計ソフトウェア

前章では，傾向スコアの推定式，マッチングアルゴリズム，処置効果の推定について説明したが，実際に傾向スコア法を手作業で実装している研究者はほとんどおらず，ほとんどの研究者がパッケージ化された統計ソフトウェアを使用している。傾向スコア法の実装をサポートする統計プログラムやマクロはいくつかあるが，ロジスティック回帰を計算する統計パッケージであれば，研究者が自ら傾向スコアを推定することは容易である。しかし，最も一般的に使用されているパッケージは，利用可能ないくつかの傾向スコアマッチングアルゴリズムのうちの１つを使用して，自動的に傾向スコアを計算し，個体をマッチさせる。これらのパッケージの中には，調整された処置効果を推定するものもある。さらに，これらのパッケージの中には，調整方法とは別に傾向スコアを推定するものもあれば，処置効果の推定と一緒に傾向スコア法の手順を途切れなく実行できるものもある。各パッケージは，特定の傾向スコア法を実行する際に，それぞれの長所と短所をもっている。これらのパッケージのソフトウェア，出力，オプションは頻繁に更新されているため，本書では特定のソフトウェアパッケージについての具体的な情報は提供しなかった。

5.3.4 傾向スコア法の発展と動向

過去20年間で傾向スコア法にはいくつかの発展があった。これらの中には，あまり使われていないものもあるが，多くの手法が特定の分野では一般的になってきている。本書は傾向スコア法の入門書であるため，これらすべてを網羅しているわけではないが，本項ではこれらの手法のいくつかとその参考文献を簡単に紹介したいと思う。

ブートストラップ傾向スコア推定 (bootstrap PS estimation) は，単一サンプルからの傾向スコアではなく，複数のブートストラップサンプルからの平均傾向スコアを使用する (Bai, 2013)。この方法の手順は，一定数 B（例えば，$B = 200$）のブートストラップサンプルを無作為抽出し，新しいサンプルごとに（2.2節で説明した方法のいずれかを用いて）傾向スコアを推定し，各個体の傾向スコアを平均化することで構成されている。傾向スコアの平均値は，単一サンプルの傾向スコアの代わりに，処置群のバランスをとるために使用される。Bai は単一サンプルとブートストラップサンプルの傾向スコアの間にはほとんど差がないことを示したが，理論的にはブートストラップ推定値の方がより安定しているはずである。

階層傾向スコア法 (hierarchical PS methods) は，各群の級内相関が処置効果に寄与する入れ子デザインで使用される (Hong & Raudenbush, 2005; Schreyögg et al., 2011; Wang, 2015)。Hong と Raudenbush は，学校と学生の2つのレベルで傾向スコアを作成するマルチレベル傾向スコア層別化を用いた。学校については学校レベルの共変量から傾向スコアを推定し，生徒については生徒レベルの共変量から2つ目の傾向スコアを推定した。そして，学校と生徒の両方を，傾向スコアで層別化した。両方のレベルが比較できない場合には，二重マッチング戦略を採用する研究もある。実際には，共変量の集合を1つのレベルでのみ考慮した後，処置群と統制群が比較可能でない場合には，1つのレベルでのみマッチングを行うことができる (Wang, 2015)。

重み付けの安定化 (stabilization of weights) は，各処置状態の傾向スコアの平均を含む傾向スコアの重みに対して行われる統計的調整である (Harder et al., 2010; Robins et al., 2000)。具体的な計算式は3.2.2項に示している。このタイプの重み付けは，非常に大きなまたは小さな傾向スコアをもつ個体によって引き起こされる過剰な重み付けと変動性の増大を抑えるために使用される。

二重に頑健な方法 (doubly robust procedures) は，傾向スコアと個々の共変量の両方を考慮した処置効果推定の統計的な調整である (Kang & Schafer, 2007; Shadish et al., 2008)。これらの調整は，傾向スコアモデルが誤特定の場合にしばしば必要となる。残念ながら，傾向スコアモデルが正しいかどうかはわからないことが多い。処置個体がバイアスのないものであることを保証するために，What Works Clearinghouse(2017) は，教育学分野の研究者が準実験の基準を満たすために，常にこの手順を使用することを推奨している。遺伝的マッチングは，二重に頑健な方法の必要性をテストするために使用されることがある (Diamond & Sekhon, 2013)。GenMatch アルゴリズムは，最適マッチングを用いて，すべての共変量と傾向スコアの大域的なバランスを自動的に評価する。すべての共変量と傾向スコアの重みを作成し，どの式が共変量のバランスを最も良くするかを決定する。傾向スコアが正しく修正されていれば，他のすべての共変量はゼロで重み付けされる。しかし，傾向スコアモデルが誤特定されている場合，他の共変量は，それらが処置群のバランスをとるのにどれだけ役立つかに応じて重み付けされる。

ベイジアン傾向スコア分析 (Bayesian propensity score analysis, BPSA) は，ベイズの定理を傾向スコアと組み合わせて使用し，真の傾向スコアの不確実性を考慮した分析である (An, 2010; McCandless et al., 2009)。従来の傾向スコア法では，傾向スコアを単一の集約された観測変数としてモデリングしており，これは個体が特定の処置条件で処置を受ける真の確率であると仮定している。しかし，BPSA では，傾向スコアを潜在変数として扱う。従来の傾向スコアモデルに含める共変量を選択する際には，アウトカムと個々の共変量との関係が考慮されることが多いが，BPSA では傾向スコアの条件付き分布はアウトカムに依存している。つまり，共変量，処置，アウトカムに基づいて傾向スコアがモデリングされる。さらに，この方法では，傾向スコアと処置効果を同時に推定するため，より効率的な分析が可能となる。McCandless et al.(2009) は，共変量分布の違いがあまりない場合には BPSA が特に有効であることを示し，An(2010) は BPSA が従来の傾向スコア法よりも正確な標準誤差を推定することを示した。

参考文献

Abadie, A., & Imbens, G. W. (2011). Bias-corrected matching estimators for average treatment effects. *Journal of Business & Economic Statistics*, 29, 1-11. doi:10.1198/jbes.2009.07333

Abadie, A., & Imbens, G. W. (2016). Matching on the estimated propensity score. *Econometrica*, 84, 781-807. doi:10.3982/ECTA 11293

Ahmed, A., Husain, A., Love, T. E., Gambassi, G., Dell'Italia, L. J., Francis, G. S. et al. (2006). Heart failure, chronic diuretic use, and increase in mortality and hospitalization: An observational study using propensity score methods. *European Heart Journal*, 27(12), 1431-1439.

Allison, P. (2012). *Logistic regression using SAS: Theory and application* (2nd ed.). Cary, NC: SAS Institute.

Almond, D. (2006). Is the 1918 influenza pandemic over? Long-term effects of in utero influenza exposure in the post-1940 U.S. population. *Journal of Political Economy*, 114(4), 672-712.

An, W. (2010). Bayesian propensity score estimators: Incorporating uncertainties in propensity scores into causal inference. *Sociological Methodology*, 40, 151-189.

Austin, P. C. (2009). Using the standardized difference to compare the prevalence of a binary variable between two groups in observational research. *Communications in Statistics- Simulations and Computation*, 38, 1228-1234.

Austin, P. C. (2011). An introduction to propensity score methods for reducing the effects of confounding in observational studies. *Multivariate Behavioral Research*, 46(1), 399-424.

Austin, P. C., & Mamdani, M. M. (2006). A comparison of propensity score methods: A casestudy estimating the effectiveness of post-AMI statin use. *Statistics in Medicine*, 25(12),2084-2106.

Austin, P. C., & Schuster, T. (2016). The performance of different propensity score methods for estimating absolute effects of treatments on survival outcomes: A simulation study. *Statistical Methods in Research*, 25, 2214-2237.

Austin, P. C., & Stuart, E. A. (2015). Moving towards best practice when using inverse probability of treatment weighting (IPTW) using the propensity score to estimate causal treatment effects in observational studies. *Statistics in Medicine*, 34, 3661-3679. doi:10.1002/sim.6607

Bai, H. (2011a). A comparison of propensity score matching methods for reducing selection bias. *International Journal of Research & Method in Education*, 34, 81-107

Bai, H. (2011b). Using propensity score analysis for making causal claims in research articles. *Educational Psychology Review*, 23, 273-278. doi:10.1007/s10648-011-9164-9

Bai, H. (2013). A bootstrap procedure of propensity score estimation. *Journal of Experimental Education*, 81, 157-177. doi:101080/00220973.2012.700497

Bai, H. (2015). Methodological considerations in implementing propensity score matching. InW. Pan & H. Bai (Eds.), *Propensity score analysis: Fundamentals, developments, and extensions*. New York: Guilford.

Baycan, I. O. (2016). The effects of exchange rate regimes on economic growth: Evidence from propensity score matching estimates. *Journal of Applied Statistics*, 43, 914-924. doi:10.1080/02664763.2015.1080669

Bernstein, K., Park, S. Y., Hahm, S., Lee, Y. N., Seo, J. Y., & Nokes, K. M. (2016). Efficacy of a culturally tailored therapeutic intervention program for community dwelling depressed Korean American women: A non-randomized quasi-experimental design study. *Archives of Psychiatric Nursing*, 30, 19-26. doi:10.1016/j.apnu.2015.10.011

Bowden, R. J., & Turkington, D. A. (1990). *Instrumental variables* (No. 8). New York: Cambridge University Press.

Brookhart, M. A., Schneeweiss, S., Rothman, K. J., Glenn, R. J., Avorn, J., & Sturmer, T. (2006). Variable selection for propensity score models. *American Journal of Epidemiology*, 163, 1149-1156. doi:10.1093/aje/kwj149

Caliendo, M., & Kopeinig, S. (2008). Some practical guidance for the implementation of propensity score matching. *Journal of Economic Surveys*, 22(1), 31-72. doi:10.1111/j.1467-6419.2007.00527.x

Camillo, F., & D'Attoma, I. (2010). A new data mining approach to estimate causal effects of policy interventions. *Expert Systems With Applications*, 37, 171-181.

Clark, M. H. (2015). Propensity score adjustment methods. In W. Pan & H. Bai (Eds.), *Propensity score analysis: Fundamentals*

and developments (pp. 115-140). New York: Guilford.
Clark, M. H., & Cundiff, N. L. (2011). Assessing the effectiveness of a college freshman seminar using propensity score adjustments. *Research in Higher Education*, 52(6), 616-639.
Cochran, W. G. (1968). The effectiveness of adjustment by subclassification in removing bias in observational studies. *Biometrics*, 24, 295-313.
Cochran, W. G., & Rubin, D. B. (1973). Controlling bias in observational studies: A review. *Sankhya, Series A*, 35, 417-446.
Cole, S. R., & Hernán, M. A. (2008). Constructing inverse probability weights for marginal structural models. *American Journal of Epidemiology*, 168(6), 656-664.
Cox, D. R. (1958). *Planning of experiments*. Oxford, UK: Wiley.
D'Agostino, R. B. (1998). Tutorial in biostatistics: Propensity score methods for bias reduction in the comparison of a treatment to a non-randomized control group. *Statistics in Medicine*, 17(19), 2265-2281.
D'Attoma, I., Camillo, F., & Clark, M. H. (2017). A comparison of bias reduction methods: Clustering versus propensity score based methods. *Journal of Experimental Education*. doi:10.1080/00220973.2017.1391161
Dehejia, R. H., & Wahba, S. (2002). Propensity score-matching methods for nonexperimental causal studies. *Review of Economics and Statistics*, 84(1), 151-161.
Diamond, A., & Sekhon, J. S. (2013). Genetic matching for estimating causal effects: A general multivariate matching method for achieving balance in observational studies. *Review of Economics and Statistics*, 95, 932-945. doi:10.1162/REST_a_00318
Duwe, G. (2015). The benefits of keeping idle hands busy: An outcome evaluation of a prisoner reentry employment program. *Crime & Delinquency*, 61, 559-586. doi:10.1177/0011128711421653
Eisenberg, D., Downs, M. F., & Golberstein, E. (2012). Effects of contact with treatment users on mental illness stigma: Evidence from university roommate assignments. *Social Science & Medicine*, 75, 1122-1127. doi:10.1016/j.socscimed.2012.05.007.
Entwisle, D. R., & Alexander, K. L. (1992). Summer setback: Race, poverty, school composition, and mathematics achievement in the first two years of school. *American Sociological Review*, 57, 72-84.
Fennema, E., & Sherman, J. (1977). Sex-related differences in mathematics achievement, spatial visualization, and affective factors. *American Educational Research Journal*, 14, 51-57.

Fillmore, K. M., Kerr, W. C., Stockwell, T., Chikritzhs, T., & Bostrom, A. (2006). Moderate alcohol use and reduced mortality risk: Systematic error in prospective studies. *Addiction Research & Theory*, 14, 101-132. doi:10.1080/16066350500497983

Freedman, D. A., & Berk, R. A. (2008). Weighting regressions by propensity scores. *Evaluation Review*, 32, 392-409. doi:10.1177/0193841X08317586

Gastwirth, J. L., Krieger, A. M., & Rosenbaum, P. R. (1998). Dual and simultaneous sensitivity analysis for matched pairs. *Biometrika*, 85(4), 907-920.

Gilbert, S. A., Grobman, W. A., Landon, M. B., Spong, C. Y., Rouse, D. J., Leveno, K. J. et al. (2012). Elective repeat cesarean delivery compared with spontaneous trial of labor after a prior cesarean delivery: A propensity score analysis. *American Journal of Obstetrics and Gynecology*, 206(4), 311.e1-311.e9.

Greenland, S. (1989). Modeling and variable selection in epidemiologic analysis. *American Journal of Public Health*, 79(3), 340-349.

Grunwald, H. E., & Mayhew, M. J. (2008). Using propensity scores for estimating causal effects: A study in the development of moral reasoning. *Research in Higher Education*, 49, 758-775. doi:10.1007/s11162-008-9103-x

Guill, K., Lüdtke, O., & Köller, O. (2017). Academic tracking is related to gains in students' intelligence over four years: Evidence from a propensity score matching study. *Learning and Instruction*, 47, 43-52. doi:10.1016/j.learninstruc.2016.10.001

Gunter, W. D., & Daly, K. (2012). Causal or spurious: Using propensity score matching to detangle the relationship between violent video games and violent behavior. *Computers in Human Behavior*, 28, 1348-1355. doi:10.1016/j.chb.2012.02.020

Guo, S., Barth, R. P., & Gibbons, C. (2006). Propensity score matching strategies for evaluating substance abuse services for child welfare clients. *Children and Youth Services Review*, 28(4), 357-383.

Guo, S. Y., & Fraser, M. W. (2015). *Propensity score analysis: Statistical methods and applications* (2nd ed.). Thousand Oaks, CA: Sage.

Gutman, L. M. (2006). How student and parent goal orientations and classroom goal structures influence the math achievement of African Americans during the high school transition. *Contemporary Educational Psychology*, 31(1), 44-63.

Hade, E. M., & Lu, B. (2013). Bias associated with using the propensity score as a regression covariate. *Statistics in Medicine*, 33,

74-87. doi:10.1002/sim.5884

Han, Y., Grogan-Kaylor, A., Delva, J., & Xie, Y. (2014). Estimating the heterogeneous relationship between peer drinking and youth alcohol consumption in Chile using propensity score stratification. *International Journal of Environmental Research in Public Health*, 11, 11879-11897. doi:10.3390/ijerph111111879

Hansen, B. B. (2004). Full matching in an observational study of coaching for the SAT. *Journal of the American Statistical Association*, 99(467), 609-618.

Hanushek, E. A., Kain, J. F., Markman, J. M., & Rivkin, S. G. (2003). Does peer ability affect student achievement? *Journal of Applied Econometrics*, 18, 527-544.

Harder, V. S., Stuart, E. A., & Anthony, J. C. (2010). Propensity score techniques and the assessment of measured covariate balance to test causal associations in psychological research. *Psychological Methods*, 15, 234-249. doi:10.1037/a0019623

Heckman, J. J. (1979). Sample selection bias as a specification error. *Econometrica*, 47, 153-161.

Heckman, J. J., Ichimura, H., Smith, J., & Todd, P. (1998). Characterizing selection bias using experimental data. *Econometrica*, 66(5), 1017-1098.

Heckman, J. J., Ichimura, H., & Todd, P. E. (1997). Matching as an econometric evaluation estimator: Evidence from evaluating a job training programme. *Review of Economic Studies*, 64(4), 605-654.

Heckman, J., & Navarro-Lozano, S. (2004). Using matching, instrumental variables, and control functions to estimate economic choice models. *Review of Economics and Statistics*, 86(1), 30-57.

Hernandez, J. C. (2000). Understanding the retention of Latino college students. *Journal of College Student Development*, 41(6), 575-588.

Hill, H., Rowan, R. B., & Ball, D. L. (2005). Effects of teachers' mathematical knowledge for teaching on student achievement. *American Educational Research Journal*, 42, 371-406.

Hirano, K., & Imbens, G. W. (2001). Estimation of causal effects using propensity score weighting: An application to data on right heart catheterization. *Health Services and Outcomes Research Methodology*, 2(3-4), 259-278.

Hirano, K., Imbens, G. W., & Ridder, G. (2003). Efficient estimation of average treatment effects using the estimated propensity score. *Econometrica*, 71(4), 1161-1189.

Ho, D. E., Imai, K., King, G., & Stuart, E. A. (2007). Matching as nonparametric preprocessing for reducing model dependence in parametric causal inference. *Political Analysis*, 15, 199-236.

Ho, D. E., Imai, K., King, G., & Stuart, E. A. (2011). MatchIt: Nonparametric preprocessing for parametric causal inference. *Journal of Statistical Software*, 42(8), 1-28.

Holland, P. W. (1986). Statistics and causal inference. *Journal of the American Statistical Association*, 81(396), 945-960. doi:10.2307/2289064

Holmes, W. M. (2014). *Using propensity scores in quasi-experimental designs.* Thousand Oaks, CA: Sage.

Hong, G., & Raudenbush, S. W. (2005). Effects of kindergarten retention policy on children' s cognitive growth in reading and mathematics. *Educational Evaluation and Policy Analysis*, 27(3), 205-224.

Hosmer, D. W., & Lemeshow, S. (2000). *Applied logistic regression* (2nd ed.). Hoboken, NJ: Wiley.

Huber, M., Lechner, M., & Steinmayr, A. (2015). Radius matching on the propensity score with bias adjustment: Tuning parameters and finite sample behaviour. *Empirical Economics*, 49(1), 1-31.

Jamelske, E. (2009). Measuring the impact of a university first-year experience program on student GPA and retention. *Higher Education*, 57, 373-391. doi:10.1007/s10734-008-9161-1

Joffe, M. M., & Rosenbaum, P. R. (1999). Invited commentary:Propensity scores. *American Journal of Epidemiology*, 150(4), 327-333.

Kang, J. D. Y., & Schafer, J. L. (2007). Demystifying double robustness: A comparison of alternative strategies for estimating a population mean from incomplete data. *Statistical Science*, 22, 523-539.

Keele, L. (2010). *An overview of rbounds: An R package for Rosenbaum bounds sensitivity analysis with matched data.* White Paper, Ohio State University, Columbus, OH.

King, G., & Nielsen, R. (2016). *Why propensity scores should not be used for matching.* Retrieved from:https://gking.harvard.edu/files/gking/files/psnot.pdf

Kirchmann, H., Steyer, R., Mayer, A., Joraschky,P.,Schreiber-Willnow, K., & Strauss, B. (2012). Effects of adult inpatient group psychotherapy on attachment characteristics: An observational study comparing routine care to an untreated comparison group. *Psychotherapy Research*, 22, 95-114.

Ko, T. J., Tsai, L. Y., Chu, L. C., Yeh, S. J., Leung, C., Chen, C.

Y., Chou, H. C., Tsao, P. N., Chen, P. C., & Hsie,W. S. (2014). Parental smoking during pregnancy and its association with low birth weight, small for gestational age, and preterm birth offspring: A birth cohort study. *Pediatrics and Neonatology*, 55, 20-27. doi:10.1016/j.pedneo.2013.05.005

Koth, C., Bradshaw, C., & Leaf, P. (2008). A multilevel study of predictors of student perceptions of school climate: The effect of classroom-level factors. *Journal of Educational Psychology*, 100, 96-104.

Kuroki, M., & Cai, Z. (2008). Formulating tightest bounds on causal effects in studies with unmeasured confounders. *Statistics in Medicine*, 27(30), 6597-6611.

Land, K. C., & Felson, M. (1978). Sensitivity analysis of arbitrarily identified simultaneous equation models. *Sociological Methods and Research*, 6, 283-307.

Lane, K. (2002). Special report: Hispanic focus: Taking it to the next level. *Black Issues in Higher Education*, 19, 18-21.

Lanehart, R. E., De Gil, P. R., Kim, E. S., Bellara, A. P., Kromrey, J. D., & Lee, R. S. (2012). *Propensity score analysis and assessment of propensity score approaches using SAS procedures.* Paper presented at the SAS Global Forum, Orlando, FL.

Larzelere, R. E., & Cox, R. B. (2013). Making valid causal inferences about corrective actions by parents from longitudinal data. *Journal of Family Theory and Review*, 5, 282-299. doi:10.1111/jftr.12020

Lee, B. K., Lessler, J., & Stuart, E. A. (2010). Improving propensity score weighting using machine learning. *Statistics in Medicine*, 29, 337-346. doi:10.1002/sim3782

Lee, B. K., Lessler, J., & Stuart, E. A. (2011). Weight trimming and propensity score weighting. *PloS One*, 6(3), e18174.

Lehmann, E. L. (2006). *Nonparametrics: Statistical methods based on ranks* (Rev. ed.). New York: Springer.

Leite, W. (2017). *Practical propensity score methods using R.* Thousand Oaks, CA: Sage.

Lemon, S. C., Roy, J. R., Clark, M. A., Friedmann, P. D., & Rakowski, W. R. (2003). Classification and regression tree analysis in public health: Methodological review and comparison with logistic regression. *Annals of Behavioral Medicine*, 26, 172-181.

Leow, C., Wen, X., & Korfmacher, J. (2015). Two-year versus one-year Head Start program impact: Addressing selection bias by comparing regression modeling with propensity score analysis. *Applied*

Developmental Science, 19, 31-46. doi:10.1080/10888691.2014.977995

Lewis, D. (1973). Counterfactuals and comparative possibility. *Journal of Philosophical Logic*, 2(4), 418-446.

Li, L., Shen, C. Y., Wu, A. C., & Li, X. (2011). Propensity score-based sensitivity analysis method for uncontrolled confounding. *American Journal of Epidemiology*, 174(3), 345-358.

Linden, A., & Yarnold, P. R. (2016). Combining machine learning and propensity score weighting to estimate causal effects in multivalued treatments. *Journal of Evaluation in Clinical Practice*, 22, 875-885. doi:10.1111/jep.12610

Liu, W., Kuramoto, S. J., & Stuart, E. A. (2013). An introduction to sensitivity analysis for unobserved confounding in nonexperimental prevention research. *Prevention Science*, 14(6), 570-580.

Luellen, J. K., Shadish, W. R., & Clark, M. H. (2005). Propensity scores: An introduction and experimental test. *Evaluation Review*, 29, 530-558.

Månsson, R., Joffe, M. M., Sun, W., & Hennessy, S. (2007). On the estimation and use of propensity scores in case-control and case-cohort studies. *American Journal of Epidemiology*, 166(3), 332-339.

McCaffrey, D. F., Ridgeway, G., & Morral, A. R. (2004). Propensity score estimation with boosted regression for evaluating causal effects in observational studies. *Psychological Methods*, 9(4), 403-425. doi:10.1037/1082-989X.9.4.403

McCandless, L. C., Gustafson, P., & Austin, P. C. (2009). Bayesian propensity score analysis for observational data. *Statistics in Medicine*, 28, 94-112. doi:10.1002/sim.3460

Murname, R. J., & Willett, J. B. (2011). *Methods matter: Improving causal inference in educational and social science research.* New York: Oxford University Press.

Ngai, F. W., Chan, S.W.C., & Ip, W. Y. (2009). The effects of a childbirth psychoeducation program on learned resourcefulness, maternal role competence and perinatal depression: A quasi-experiment. *Nursing Studies*, 46, 1298-1306. doi:0.1016/j.ijnurstu.2009.03.007

Nora, A. (2001). The depiction of significant others in Tinto' s "Rites of Passage": A reconceptualization of the influence of family and community in the persistence process. *Journal of College Student Retention: Research, Theory & Practice*, 3(1), 41-56.

Olmos, A., & Govindasamy, P. (2015). A practical guide for using propensity score weighting in R. *Practical Assessment, Research*

& Evaluation, 20.

Pampel, F. C. (2000). *Logistic regression: A primer.* Thousand Oaks, CA: Sage.

Pan, W., & Bai, H. (Eds.). (2015a). *Propensity score analysis: Fundamentals and developments.* New York: Guilford.

Pan, W., & Bai, H. (2015b). Propensity score interval matching: Using bootstrap confidence intervals for accommodating estimation errors of propensity scores. *BMC Medical Research Methodology*, 15(1), 53.

Pan, W., & Bai, H. (2016). Propensity score methods in nursing research: Take advantage of them but proceed with caution. *Nursing Research*, 65(6), 421-424. doi:10.1097/NNR.0000000000000189

Pattanayak, C. W. (2015). Evaluating covariate balance. In W. Pan & H. Bai (Eds.), *Propensity score analysis: Fundamentals and developments* (pp. 89-112). New York: Guilford.

Pearl, J. (2010). The foundations of causal inference. *Sociological Methodology*, 40, 75-149. doi:10.1111/j.1467-9531.2010.01228.x

Peterson, E. D., Pollack, C. V., Roe, M. T., Parsons, L. S., Littrell, K. A., Canto, J. G., & Barron, H. V. (2003). Early use of glycoprotein IIb/IIIa inhibitors in non-ST-elevation acute myocardial infarction: Observations from the National Registry of Myocardial Infarction 4. *Journal of the American College of Cardiology*, 2, 45-53. doi:10.1016/S0735-1097(03)00514-X

Reynolds, C. L., & DesJardins, S. L. (2009). The use of matching methods in higher education research: Answering whether attendance at a 2-year institution results in differences in educational attainment. In J. C. Smart (Ed.), *Higher education: Handbook of theory and research* (pp. 47-97). New York: Springer.

Robins, J. M., Hernán, M. A., & Brumback, B. (2000). Marginal structural models and causal inference in epidemiology. *Epidemiology*, 11, 550-560.

Rosenbaum, P. R. (1989). Optimal matching for observational studies. *Journal of the American Statistical Association*, 84, 1024-1032.

Rosenbaum, P. R. (2002). Observational studies. In *Observational studies* (2nd ed., pp. 1-17).New York: Springer.

Rosenbaum, P. R. (2010). *Design of observational studies.* New York: Springer-Verlag.

Rosenbaum, P. R., & Rubin, D. B. (1983). The central role of the propensity score in observational studies for causal effects. *Biometrika*, 70, 41-55.

Rosenbaum, P. R., & Rubin, D. B. (1984). Reducing bias in observational studies using subclassification on the propensity score. *Journal of the American Statistical Association*, 79(387), 516-524.

Rosenbaum, P. R., & Rubin, D. B. (1985). Constructing a control group using multivariate matched sampling methods that incorporate the propensity score. *The American Statistician*, 39(1), 33-38.

Rothman, K. J., Greenland, S., & Lash, T. L. (1998). Types of epidemiologic studies. *Modern Epidemiology*, 3, 95-97.

Rubin, D. B. (1974). Estimating causal effects of treatments in randomized and nonrandomized studies. *Journal of Educational Psychology*, 66(5), 688-701.

Rubin, D. B. (1976). Matching methods that are equal percent bias reducing: Some examples. *Biometrics*, 32, 109-120.

Rubin, D. B. (1978). Bias reduction using Mahalanobis metric matching. *ETS Research Bulletin Series*, 1978(2), 1-10.

Rubin, D. B. (1979). Using multivariate matched sampling and regression adjustment to control bias in observational studies. *Journal of the American Statistical Association*, 74, 318-328.

Rubin, D. B. (1980). Percent bias reduction using Mahalanobis metric matching. *Biometrics*, 36, 293-298.

Rubin, D. B. (1997). Estimating causal effects from large data sets using propensity scores. *Annals of Internal Medicine*, 127, 757-763.

Rubin, D. B. (2001). Using propensity scores to help design observational studies: Application to the tobacco litigation. *Health Services and Outcomes Research Methodology*, 2(3-4), 169-188.

Rubin, D. B. (2006). *Matched sampling for causal effects.* New York: Cambridge University Press.

Rubin, D. B., & Thomas, N. (1996). Matching using estimated propensity scores: Relating theory to practice. *Biometrics*, 52, 249-264. doi:10.2307/2533160

Schafer, J. L., & Kang, J. (2008). Average causal effects from nonrandomized studies: A practical guide and simulated example. *Psychological Methods*, 13(4), 279-313.

Schommer-Aitkins, M., Duell, O. K., & Hutter, R. (2005). Epistemological beliefs, mathematical problem-solving beliefs, and academic performance of middle school students. *Elementary School Journal*, 105, 289-304.

Schreyögg, J., Stargardt, T., & Tiemann, O. (2011). Costs and quality of hospitals in different health care systems: A multi-level approach with propensity score matching. *Health Economics*, 20(1), 85-100.

Seawright, J., & Gerring, J. (2008). Case selection techniques in case study research: A menu of qualitative and quantitative options. *Political Research Quarterly*, 61(2), 294-308.

Sekhon, J. S. (2008). The Neyman-Rubin model of causal inference and estimation via matching methods. In J. Box-Steffensmeier, H. Brady, & D. Collier (Eds.), *The Oxford handbook of political methodology* (pp. 271-299). New York: Oxford University Press.

Setoguchi, S., Schneeweiss, S., Brookhart, M. A., Glynn, R. J., & Cook, E. F. (2008). Evaluating uses of data mining techniques in propensity score estimation: A simulation study. *Pharmacoepidemiology and Drug Safety*, 17(6), 546-555.

Shadish, W. R. (2010). Campbell and Rubin: A primer and comparison of their approaches to causal inference in field settings. *Psychological Methods*, 15, 3-17. doi:10.1037/a0015916

Shadish, W. R., & Clark, M. H. (2002). An introduction to propensity scores. *Metodologia delas Ciencias del Comportamiento Journal*, 4(2), 291-298.

Shadish, W. R., Clark, M. H., & Steiner, P. M. (2008). Can nonrandomized experiments yield accurate answers? A randomized experiment comparing random to nonrandom assignment. *Journal of the American Statistical Association*, 103, 1334-1344. doi:10.1198/0162145 08000000733

Shadish, W. R., Cook, T. D., & Campbell, D. T. (2002). *Experimental and quasi-experimental designs for generalized causal inference.* Boston: Houghton Mifflin.

Shadish, W. R., & Steiner, P. M. (2010). A primer on propensity score analysis. *Newborn and Infant Nursing Reviews*, 10, 19-26.

Shen, C. Y., Li, X., Li, L., & Were, M. C. (2011). Sensitivity analysis for causal inference using inverse probability weighting. *Biometrical Journal*, 53(5), 822-823.

Smith, J. A., & Todd, P. E. (2005). Does matching overcome LaLonde' s critique of nonexperimental estimators? *Journal of Econometrics*, 125, 305-353. doi:10.1016/j.jeconom.2004.04.011

Steiner, P. M., Cook, T. D., Shadish, W. R., & Clark, M. H. (2010). The differential role of covariate selection and data analytic methods in controlling for selection bias in observational studies: Results of a within-study comparison. *Psychological Methods*, 15, 250-267.

Stone, C. A., & Tang, Y. (2013). Comparing propensity score methods in balancing covariates and recovering impact in small sample educational program evaluations. *Practical Assessment, Research & Evaluation*, 18(13), 1-12.

Stuart, E. A. (2010). Matching methods for causal inference: A review and a look forward. *Statistical Science: A Review Journal of the Institute of Mathematical Statistics*, 25(1), 1-21.

Stürmer, T., Joshi, M., Glynn, R. J., Avorn, J., Rothman, K. J., & Schneeweiss, S. (2006). A review of the application of propensity score methods yielded increasing use, advantages in specific settings, but not substantially different estimates compared with conventional multivariable methods. *Journal of Clinical Epidemiology*, 59, 437-447. doi:10.1016/j.jclinepi.2005.07.004

Thanh, N. X., & Rapoport, J. (2017). Health services utilization of people having and not having a regular doctor in Canada. *International Journal of Health Planning and Management*, 32(2), 180-188.

Tinto, V. (1987). *Leaving college: Rethinking the causes and cures of student attrition.* Chicago: University of Chicago Press.

Vachon, D. D., Krueger, R. F., Rogosch, F. A., & Cicchetti, D. (2015). Assessment of the harmful psychiatric and behavioral effects of different forms of child maltreatment. *Journal of American Medical Association Psychiatry*, 72, 1135-1142. doi:10.1001/jamapsychiatry.2015.1

Wang, Q. (2015). Propensity score matching on multilevel data. In W. Pan & H. Bai (Eds.), *Propensity score analysis: Fundamentals and developments* (pp. 217-235). New York: Guilford.

Weitzen, S., Lapane, K. L., Toledano, A. Y., Hume, A. L., & Mor, V. (2004). Principles for modeling propensity scores in medical research: A systematic literature review. *Pharmacoepidemiology and Drug Safety*, 13(12), 841-853.

Westreich, D., Lessler, J., & Funk, M. J. (2010). Propensity score estimation: Neural networks, support vector machines, decision trees (CART), and meta-classifiers as alternatives to logistic regression. *Journal of Clinical Epidemiology*, 63, 826-833. doi:10.1016/j.jclinepi.2009.11.020

What Works Clearinghouse. (2017). *What Works Clearinghouse standards handbook version 4.0.*

Winship, C., & Morgan, S. L. (1999). The estimation of causal effects from observational data. *Annual Review of Sociology*, 25, 659-706.

訳者あとがき

本書は，Haiyan Bai と M. H. Clark が傾向スコアの方法と実践について解説した著書となる *Propensity Score Methods and Applications* (Sage, 2018) の日本語版になります。本書のコンセプトは，傾向スコアの基本的な考え方と分析枠組みをわかりやすく解説することです。具体的には，傾向スコアの推定や，推定後のさまざまな手法（マッチング，層化，調整，加重など）について具体例を交えて説明するとともに，傾向スコア法の適切な利用や限界についても言及がなされています。

ここ数十年，データ分析の分野では原因と結果の因果関係を推論することを目的とした因果推論が注目を集めるようになりました。因果推論とは，原因と結果の間に生じる因果効果を識別するための仮定を満たすような工夫や戦略のことを意味します。傾向スコアは，こうした因果推論の文脈で用いられることが多く，近年に傾向スコアを用いた応用論文が散見されるのも因果推論の隆盛と密接な関係があるためです。

その一方で，多くのユーザーの間で傾向スコアの適切な利用法が共有されているかといえば疑問が残ります。傾向スコアの適切な利用法と限界に対する無自覚な応用も目立つからです。例えば，「傾向スコアを使えば必ず因果関係を推定できる」と言わんばかりの分析も少なくありません。本書でも指摘されているように，傾向スコアは特定の条件を満たし，適切な利用をした場合にのみ因果推論として有効なツールとなります。換言すれば，傾向スコアを用いることでかえってバイアスが大きくなる場合もあるということです。

また本書ではあまり指摘がないものの，傾向スコアを用いた分析が，どの集団に対してのどのような推定量になっているのかを自覚することも重要になります。すなわち，推定量はターゲット母集団に一致しているのか，集団全体に対しての効果なのか（それとも特定の変数を条件付けた上での条件付き効果なのか），ATEなのか（それともATTやATU (average treatment effect for the untreated) なのか）といった点に留意が必要です。傾向スコアフルマッチング (full matching) をこの基準に照らし合わせると，推定量は（マッチングから除外されたケースを除く母集団となるため）ターゲット母集団とは異なる集団全体に対するATEとなります。そのため，ターゲット母集団に対しての推論や特定の変数で条件付けたATTなどが知りたい場合には，傾向スコアフルマッチングを用いることは不適切だということです。本書で登場した様々な傾向スコア法の推定量の詳細に関しては，Kurth et al.(2006)[1], Shiba & Kawahara(2021)[2], Greifer & Stuart(2021)[3]などを参照してください。

[1] Kurth, T., Walker, A. M., Glynn, R. J., Chan, K. A., Gaziano, J. M., Berger, K., & Robins, J. M. (2006). Results of multivariable logistic regression, propensity matching, propensity adjustment, and propensity-based weighting under conditions of nonuniform effect. *American Journal of Epidemiology*, 163(3), 262–270. doi:10.1093/aje/kwj047.

[2] Shiba, K., & Kawahara, T. (2021). Using propensity scores for causal inference: pitfalls and tips. *Journal of Epidemiology* 31, 457–463.

[3] Greifer, N., & Stuart, E. A. (2021). Choosing the estimand when matching or weighting in observational studies. *arXiv preprint*, arXiv: 2106.10577.

全てのデータ分析は，(i) 推定したい量を定義し，(ii) 定義された量を識別するために必要な仮定を考えて，(iii) 定義された量の仮定を満たすように戦略を立ててデータから値を計算するというステップに分かれます。本書で扱った傾向スコアを使う場合も例外ではなく，こうしたステップを意識して，推定したい量に対して傾向スコアが適切な方法なのかを吟味する必要があります。

最後に，本書の編集担当の共立出版の菅沼正裕さんに感謝申し上げます。菅沼さんには翻訳原稿を詳細にチェックしていただきました。もし本書が読みやすく仕上がっているとすれば，それは菅沼さんのおかげです。

2022 年 12 月
大久保将貴・黒川博文

索　引

■ サ行

■ タ行

■ ナ行

■ ハ行

■ マ行

■ ヤ行

■ ラ行

〈訳者紹介〉

大久保将貴（おおくぼ しょうき）

2017 年　大阪大学大学院人間科学研究科博士後期課程 修了
現　　在　東京大学社会科学研究所附属社会調査・データアーカイブ研究センター特任助教
　　　　　博士（人間科学）
専　　門　社会学方法論，社会調査方法論，社会保障
主　　著　『人生の歩みを追跡する：東大社研パネル調査でみる現代日本社会』（分担執筆，勁草書房，2020）

黒川博文（くろかわ ひろふみ）

2017 年　大阪大学大学院経済学研究科博士後期課程 修了
現　　在　兵庫県立大学国際商経学部 准教授
　　　　　博士（経済学）
専　　門　行動経済学，労働経済学
主　　著　『今日から使える行動経済学』（共著，ナツメ社，2019）

計量分析 One Point

傾向スコア

（原題：*Propensity Score Methods and Applications*）

2023 年 1 月 30 日　初版 1 刷発行
2023 年 3 月 15 日　初版 2 刷発行

著　者　Haiyan Bai（バイ）
　　　　M. H. Clark（クラーク）

訳　者　大久保将貴
　　　　黒川博文

発行者　南條光章

発行所　**共立出版株式会社**
〒 112-0006
東京都文京区小日向 4-6-19
電話番号　03-3947-2511（代表）
振替口座　00110-2-57035
www.kyoritsu-pub.co.jp

印　刷　大日本法令印刷
製　本　加藤製本

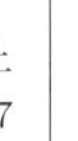

一般社団法人
自然科学書協会
会員

検印廃止
NDC 417

ISBN 978-4-320-11414-2